大模型驱动的软件测试
从理论到实践

Software Testing
with
Generative AI

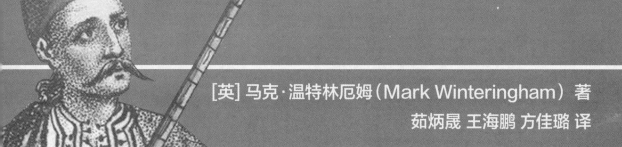

[英] 马克·温特林厄姆（Mark Winteringham）著

茹炳晟 王海鹏 方佳璐 译

人民邮电出版社

北京

图书在版编目（CIP）数据

大模型驱动的软件测试：从理论到实践 /（英）马
克·温特林厄姆（Mark Winteringham）著；茹炳晟，王
海鹏，方佳璐译. -- 北京：人民邮电出版社，2025.
ISBN 978-7-115-67429-6

Ⅰ．TP311.55

中国国家版本馆 CIP 数据核字第 2025A6G364 号

版 权 声 明

◆ 著　　　　[英]马克·温特林厄姆（Mark Winteringham）

　　译　　　　茹炳晟　王海鹏　方佳璐

　　责任编辑　卜一凡

　　责任印制　王　郁　焦志炜

◆ 人民邮电出版社出版发行　　北京市丰台区成寿寺路 11 号

　　邮编　100164　电子邮件　315@ptpress.com.cn

　　网址　https://www.ptpress.com.cn

　　三河市君旺印务有限公司印刷

◆ 开本：800×1000　1/16

　　印张：16.5　　　　　　　　2025 年 8 月第 1 版

　　字数：337 千字　　　　　　2025 年 8 月河北第 1 次印刷

　　著作权合同登记号　图字：01-2024-3687 号

定价：79.80 元

读者服务热线：(010)81055410　印装质量热线：(010)81055316
反盗版热线：(010)81055315

内容提要

　　大模型（LLM）的爆炸式增长显著降低了 AI 的应用门槛，推动了 LLM 在软件开发领域的广泛应用，也为软件测试带来了变革与挑战。本书旨在帮助软件测试工程师用 LLM 提升测试能力，围绕 LLM 的思维模式、技术和上下文 3 个核心要素展开。第 1 部分介绍 LLM 在测试中的作用及价值，探讨其内部机制与提示词工程概念，分析 AI、自动化和测试的关系；第 2 部分展示测试活动与 LLM 辅助工具结合的方法，如提升代码质量、增强测试计划能力、创建测试数据、应用于探索性测试等；第 3 部分阐述上下文对 LLM 的重要性，介绍添加上下文的技术，如构建 RAG 框架、微调模型等。

　　本书适合掌握一定自动化测试基本概念，具备探索性测试基本经验以及数据管理和相关数据结构中级知识，对 YAML 格式化和命令行工具有基本了解的质量保证工程师和软件测试工程师，以及希望进一步了解 LLM 如何帮助生成代码和测试自动化的开发人员阅读。

作者简介

马克·温特林厄姆（**Mark Winteringham**）是一名质量工程师、课程总监，也是 *Testing Web APIs* 一书的作者。他是基于风险的现代测试实践、基于整体的自动化策略、行为驱动开发和探索性测试技术的倡导者。

关于封面插图

本书封面上的人物是"Monténégrin",即"来自黑山的人",取自巴尔塔扎尔·阿凯(Balthazar Hacquet)于 1815 年出版的 *L'Illyrie et la Dalmatie* 一书。该书中每幅插图都是由精细的手工绘制和上色的。在 19 世纪,人们的衣着风格直接反映其居住地、职业或社会阶层。Manning 以数世纪前丰富多彩的地域文化为基础,通过使用这样的藏品中的图片,让图书封面重现生机,以此颂扬计算机行业从业者的创造力和主动性。

译者序

近年来，生成式人工智能的迅猛发展正在重塑软件工程的每一个环节，软件测试领域也在这场技术浪潮中迎来了前所未有的机遇与挑战。从 ChatGPT 的横空出世，到各大科技公司竞相推出的大模型（LLM），AI 技术的普及不仅降低了技术应用的门槛，更重新定义了软件测试的工作方式。作为一名长期深耕软件质量和测试领域的从业者，我深刻感受到，如何在拥抱技术变革的同时保持理性判断，如何在自动化与人类智慧之间找到平衡，已成为每一位测试工程师必须面对的课题。这也正是本书的核心价值所在。

翻译本书的初衷，源于我对 AI 与测试融合趋势的持续观察与实践。在 LLM 技术爆发的初期，我曾目睹许多测试团队陷入两种极端：一部分人盲目追求全自动化，试图用 AI 完全取代人工测试；另一部分人则因对技术的陌生而踌躇不前。然而，本书并未落入非此即彼的思维窠臼。它既没有过度渲染 AI 的"神话"，也未轻视人类经验的不可替代性，而是引入"思维模式-技术-上下文"的三维框架，系统性地揭示了 LLM 如何真正成为测试工程师的智能协作者。这种理性务实的态度，正是当下行业急需的指南针。

在翻译过程中，书中的 3 个核心理念令我深受触动。

- **思维模式先于工具。** 本书开篇并未急于罗列技术方案，而是引导读者重构对 LLM 的认知——它并非万能的黑箱，而是需要被理解、引导和协作的伙伴。这种思维转变对避免"技术滥用"至关重要。例如，书中以制订测试计划为例，展示了如何通过调整提问方式让 LLM 从"生成模板"进阶为"风险分析助手"，这正是思维模式差异带来的价值跃迁。

- **技术服务于场景。** 不同于市场上碎片化的工具教程，本书始终以测试活动的实际需求为锚点。无论是利用 LLM 生成精准的测试数据，还是构建 RAG 框架增强上下文理解，每一项技术的引入都紧扣测试工程师的工作流。尤其值得称道的是作者对"自动化边界"的探讨——何时应依赖 LLM 生成代码、何时需保留人工设计，这些宝贵的经验为读者划定了效率与风险的界线。

- **上下文即竞争力。** 在 LLM 应用逐渐同质化的今天，本书第 3 部分提出的"上下文"

工程堪称点睛之笔。通过微调模型、构建领域知识库等技术，测试团队可以将 LLM 从"通才"转化为"专才"。这部分内容不仅提供了具体的技术路径，而且揭示了一个深刻洞见——在 AI 时代，企业测试能力的核心竞争力，正越来越多地依赖于对领域知识的系统化积累。

本书的应用范围远超测试领域。开发人员能从第 2 部分中发现 AI 时代编写可测试代码的新范式；技术管理者能从第 3 部分中获得构建企业级 AI 测试能力的蓝图；传统手工测试工程师也能从第 8 章中找到提升效率的突破口。

在翻译即将完成之际，AI 技术又迎来了新的突破。但正如本书反复强调的：**工具会迭代，思维永留存**。无论是面对当下的 LLM，还是未来的下一代 AI，测试工程师的核心使命始终未变——以批判性思维守护软件质量，以创造力驾驭技术革新。愿这本书能成为你探索 AI 测试之路的可靠伙伴，助你在技术狂潮中既保持清醒，又不失前行的勇气。

最后，感谢本书编辑团队的专业支持，以及国内多位测试领域专家在审校过程中提出的宝贵建议。限于译者水平，书中难免存在疏漏，恳请读者不吝指正。期待我们共同见证 AI 与软件测试碰撞出的下一个火花。

茹炳晟
2025 年 5 月于上海

序

将生成式 AI 融入软件测试不仅是一次技术飞跃，更是一场深远的行业变革。这一过程需要将对新技术的热情和批判性思维相结合。2022 年，随着 OpenAI 推出 AI 聊天机器人 ChatGPT，我们所熟知的世界发生了翻天覆地的变化。不久之后，谷歌和微软相继推出各自的 LLM（大模型）工具，引发其他公司纷纷效仿。这使得生成式 AI 进入了公众视野。

这些技术的发展不仅震撼了软件工程领域，也极大地影响了科技产业的核心结构，同时对快速掌握相关工具和技能提出了新的要求。对全球的软件工程团队而言，这一变革既令人兴奋，也充满挑战。测试工程师往往会在第一时间感受到技术变革带来的冲击，这次也不例外，工程团队正试图将先进的自动化技术与复杂的 LLM 任务相结合，这使得测试角色的工作变得更加复杂且具有挑战性。

从测试的角度来看，这要求我们时刻关注技术动向，并在技能方面做好充分准备。如今，虽然自动化已成为基于 LLM 的测试平台的核心要素，但我们依然需要遵循以人为本的整体视角，为测试平台提供不同的方法仍然非常重要，本书鼓励这一理念。它强调，虽然 LLM 能为测试提供强大的支持，然而人类的判断力和理解力仍然是有效测试的核心。

如今，AI 测试课程层出不穷，但对希望选择合适课程并将所学应用于实践的读者而言，如何在浩如烟海的资源中做出选择，常常让人不知所措。本书的价值在于，它在解释 LLM 概念的同时，还提供了用户可以直接应用于测试的实践案例。本书不仅介绍每种工具的使用方法，还引导我们思考为什么要使用这些工具，以及在构建和测试产品时需要考虑哪些战略和规划方面的因素。

本书是一本详细的指南，旨在帮助读者深入思考并有效地将生成式 AI 整合到测试流程中。它提供了实用的见解，并强调在采用 AI 工具时（尤其是在自动化背景下），需要保持平衡和批判性思维。

从本质上讲，本书是所有希望从技术角度了解 AI 辅助测试的工程师的必读之作。它为读者提供了实施项目所需的参考知识和实际案例。

　　我相信，本书将为工程师提供宝贵的方法和最佳实践。我强烈推荐所有希望在技术前沿保持竞争力的读者阅读本书。

——尼古拉·马丁（Nicola Martin），Nicola Martin Coaching & Consultancy 创始人，

BCS·SIGiST 主席

前言

　　我的 AI 探索之旅始于 2017 年，当时我和一位朋友坐在酒吧里畅谈，讨论在 AI 日益普及的背景下，质量保证和测试领域的现状和未来发展。在了解了 AI 对各行各业产生的潜在影响后，我意识到应当尽可能多地学习相关知识，以便更好地理解如何测试 AI 以及如何利用 AI 提升测试水平。然而，当时的挑战在于，对非专业出身的我来说，理解和使用 AI 的门槛太高了。尽管我觉得自己可以了解这个领域的皮毛，但由于没有时间和资源，我无法深入研究。

　　然而，目前情况已大有改观。随着大模型（LLM）（如 ChatGPT、Gemini 和 Llama）的爆炸式增长，AI 的使用门槛已大幅降低，越来越多的人能够使用 AI 并从中受益。随着代码助手、聊天机器人等产品的推出，LLM 在软件开发领域也得到了广泛应用。我就是在 AI 助手的协助下完成这篇前言的。然而，这也带来了一系列问题。AI 将会对我的工作和生活产生什么影响？我需要掌握哪些技能才能从 AI 中获得最大收益？这些问题促使我开始撰写本书并进一步探索 AI 世界。

　　在本书的编写过程中，我不仅有机会学习新技术，还可以将以往的经验教训提供给 AI 作为借鉴。毕竟，LLM 也是一种软件。其应用与我们以往使用其他工具是相通的。在本书中，我们不仅将学习如何使用 LLM 来增强和扩展测试能力，还将学习如何更好地定义我们与 LLM 的关系。如果我们希望以对自己和团队都有价值的方式使用 AI，这一点是必不可少的。

　　本书适合任何有兴趣学习如何使用 AI 来提高测试技术的专业人士。无论你是质量工程师、分析师，还是软件开发人员，在本书中，通过探索 LLM 的实际应用，你都将学会如何提高测试能力和产品质量，并培养高效使用 LLM 的思维能力。本书没有对 AI 应用的未来发展趋势进行预测，但我希望它能为我们提供坚实的基础，让我们都能成功使用 LLM，帮助我们成为团队中更高效、更有价值的一员。

　　希望你们都能和我一样拥有一段愉快的 AI 之旅。

致谢

在撰写本书的过程中，我深刻体会到写作不仅需要投入大量个人时间，还可能占用他人宝贵的时间。因此，我首先要向 Steph 致以最诚挚的谢意：感谢你在我决定再次踏上写作之路时给予的耐心和支持，感谢你鼓励我继续写作，并提供了充足的时间和空间让我得以专注于创作本书，感谢你耐心地倾听我滔滔不绝地讲述 AI 的潜力。

特别感谢 Nicola Martin 在本书序言中的精彩点评。能够遇到一位在人工智能、测试及工具应用领域与我志同道合的人，实属难得，我很荣幸在这一过程中与你有所交集。

本书的内容源于许多关于 AI 的不同对话。我特别感谢在我构思阶段愿意与我交流的诸位。感谢 Anand Bagmar、Nikolay Advoldokin、Bob Marshall、Alden Peterson 和 Vesna Leonard 付出的宝贵时间和提出的深刻见解。此外，还要特别感谢 Richard Bradshaw，通过我们在测试自动化方面的合作，他指导我如何将 AI 和工具融入测试，并帮助我在本书中阐述了相关原则。

我还要感谢 Virtuoso 的 Bruno Lopes、Applitools 的 Adam Carmi、Curiosity 的 James Walker 以及 Testreport.io 的 Tobias Müller 和 Daniela Bohli，感谢你们在百忙之中拨冗交流，并分享你们的工作成果。我真希望能有更多的时间和篇幅来介绍你们在推动测试工具方面所做的工作。

此外，还要衷心地感谢 Carlos Kidman，正是你的一次提问让我对本书第 3 部分的内容进行了重新思考。你的指导对于如何讲解微调方法至关重要。

最后，感谢 Manning 公司的每一位员工，感谢你们将本书呈现给全世界。特别感谢 Brian Sawyer 启动了本书的构思，并引领我改变了测试轨迹，感谢 Becky Whitney 在整个写作过程中给予的支持和指导，感谢 Robert Walsh 在每一章的制作过程中提供的技术支持。Robert 是 Excalibur Solutions, Inc.公司的创始人，同时也是 Excalibur Solutions STEM 学院的创办者，他曾是一名数学教师，并在硬件技术员、IT 主管、培训师、程序员、软件测试员、技术作家和企业负责人等岗位上积累了丰富的经验，曾多次在软件开发和测试会议上分享自己的工作，并就这些主题发表过多篇文章。

我还要衷心感谢所有参与书评的专家：Abhay Dutt Paroha、Anandaganesh Balakrishnan、Andres Sacco、Andy Wiesendanger、Ankit Virmani、Anto Aravinth、Beth Marshall、Brian Beagle、

Daniel Knott、Esref Durna、Greg Grimes、Greg MacLean、Gregorio Piccoli、Henrik Gering、Javid Asgarov、John Donoghue、Julien Pohie、Karol Skorek、Laurence Giglio、Marco Massenzio、Marlin King、Marvin Schwarze、Mikael Byström、Mirsad Vojnikovic、Piotr Wicherski、Riccardo Marotti、Ron Hübler、Samuel Lawrence、Simeon Leyzerzon、Simon Verhoeven、Sumit Bhattacharyya、Theo Despoudis 和 Zac Corbett。你们反馈的宝贵意见对本书的完善和最终呈现起到了关键作用。

本书简介

本书旨在帮助测试工程师利用 LLM 提升和增强测试能力。本书将重点探讨在测试中成功使用 LLM 的 3 个关键原则：思维模式、技术和上下文。我们将深入探讨每个原则，首先是思维模式的建立，然后是学习和应用提示词工程技术，最后是探讨为什么上下文对 LLM 至关重要，以及探讨如何将上下文有效融入与 LLM 交互的过程中。

目标读者

本书主要面向负责质量保证和软件测试工作的团队成员。无论你是专注于自动化测试的测试开发人员，或是专注于持续测试的质量工程师，还是更传统的手工测试人员，本书将探讨你所涉及的全部测试活动，以及 LLM 如何支持这些活动。为了最大限度地发挥本书的价值，读者需要具备一定的基础技能。

如果你想了解 LLM 如何辅助自动化测试，那么你需要熟悉自动化测试的基础概念。这意味着你至少应该具备 TDD 的实践经验，并能独立进行单元测试、集成测试和端到端的测试等中级自动化测试，你还需要熟练使用集成开发环境。本书中的代码示例是用 Java 编写的，因此你需要具有一定阅读和编写 Java 代码的能力（关于代码选择和示例，我们稍后会详细讨论）。

除了自动化测试，你还需要具备探索性测试的基本经验，以及数据管理和相关数据结构（如 SQL、JSON 和 XML）的中级知识。在本书第 3 部分，我们努力寻找了一些工具，让所有读者（无论其技术能力如何）都能适应更高阶的主题。为了有效使用这些工具，你必须对 YAML 格式化和命令行工具有基本的了解。

本书的组织结构

本书分为 3 部分，涵盖了我所认为的 LLM 成功所需的 3 个核心要素：思维模式、技术和上下文。我们将在第 1 章中详细探讨这种思维模式，以下是每个部分及每章的摘要，可以帮助读者了解本书涉及的主要内容。

第 1 部分

- 第 1 章——阐明 LLM 如何在测试中发挥作用，以及我们需要从 LLM 中获取哪些价值。
- 第 2 章——深入探讨 LLM 的内部工作机制，并介绍"提示词工程"的概念，它将成为第 2 部分的重要工具。
- 第 3 章——本章是本书思维方式部分的结尾，探讨 AI、自动化和测试之间的关系，论证为什么清楚地理解每种能力对于成功使用 LLM 至关重要。

第 2 部分

- 第 4 章——本章展示测试驱动设计等活动如何与 LLM 辅助的 Copilot 工具相结合，帮助提高代码质量并加快开发速度。
- 第 5 章——本章探讨 LLM 如何作为一种工具，来增强和扩展我们的测试计划能力，以及在此过程中降低过度信任 LLM 导致的风险。
- 第 6 章——本章深入探讨使用 LLM 创建测试数据的不同方法，无论是用于自动化测试还是业务测试。
- 第 7 章——本章着眼于更高层次的自动化测试活动，例如端到端自动化，说明如何使用 LLM 有效地解决自动化中的特定任务，而不是试图依赖 LLM 来完成整个自动化过程。
- 第 8 章——本章重点讨论如何将 LLM 应用于探索性测试活动，确定 LLM 在更广泛的探索性测试环节中可以帮助我们完成的子任务。
- 第 9 章——本章探讨如何利用 LLM 来创建测试助手，从而将我们的提示词技术提升到新的水平。

第 3 部分

- 第 10 章——在本书最后一部分的开始，我们将探讨为什么上下文是最大化 LLM 回复价值的关键，并了解更多有助于添加上下文的高级技术。
- 第 11 章——本章通过构建自己的检索增强生成（RAG）框架，帮助我们理解 RAG 的工作原理和价值。
- 第 12 章——在本书的最后，我们将研究微调模型的过程，以及它如何帮助我们将上下文嵌入用来辅助测试的模型。

如果你是一名开发人员，希望进一步了解如何使用 LLM 生成代码和测试自动化，根据你的背景和兴趣，你可能需要选择第 2 部分和第 3 部分中的特定章节。如果你的工作侧重于人工测试活动，可能更关心 LLM 如何辅助测试计划制定和人工测试执行。无论你的目标是什么，我们都建议你完整阅读第 1 部分，以了解第 2 部分和第 3 部分的基本思想。全书包含的活动旨在进一步帮助你学习，希望你能够积极参与。

关于代码

在本书中，我们将探讨 LLM 提示词（我们发送给 LLM 的指令）和我们可以实现的代码示例。虽然我们已尽力选择了免费工具，但 GitHub Copilot（试用 30 天后）和 Runpod 云平台等工具仍需付费。在讨论这两类示例时，还有一些具体细节需要注意。

提示词

所有发送到 LLM 的提示词示例和返回的回复都采用了等宽字体格式，以便与正文区分开来。每个提示词示例都旨在演示不同的技术和策略；然而，LLM 是基于概率的系统，因此返回的回复内容可能与本书所述内容不同。请注意，由于使用的 LLM 类型及其版本不同，你的体验也会与本书所示的内容有所差异。

代码

本书包含多个源代码示例，所有代码均采用等宽字体，以便与正文区分开来。在某些情况下，为了突出新引入的功能，新增代码的右侧会有对应的功能解释。

为适应本书版面和可读性要求，源代码示例经过格式化，包括添加了换行符，并重新调整了缩进。在极少数情况下，为了避免格式过于紧凑，还会在列表中加入换行标记（➥）。此外，源代码中的注释在正文描述代码时往往会被删除。注释内容将在后文中详细说明，以帮助读者理解重要概念。

代码中涉及 example 或 test 的网址或邮箱均为虚构。

资源与支持

资源获取

本书提供如下资源：

- 本书所有辅助代码和提示词。
- 本书思维导图。
- 异步社区 7 天 VIP 会员。

要获得以上资源，您可以扫描下方二维码，根据指引领取。

提交勘误

作者和编辑尽最大努力来确保书中内容的准确性，但难免会存在疏漏。欢迎您将发现的问题反馈给我们，帮助我们提升图书的质量。

当您发现错误时，请登录异步社区（https://www.epubit.com/），按书名搜索，进入本书页面，单击"发表勘误"，输入错误信息，单击"提交勘误"按钮即可（见右图）。本书的作者和编辑会对您提交的错误进行审核，确认并接受后，您将获赠异步社区的 100 积分。积分可用于在异步社区兑换优惠券、样书或奖品。

与我们联系

我们的联系邮箱是 contact@epubit.com.cn。

如果您对本书有任何疑问或建议，请您发邮件给我们，并请在邮件标题中注明本书书名，以便我们更高效地做出反馈。

如果您有兴趣出版图书、录制教学视频，或者参与图书翻译、技术审校等工作，可以发邮件给我们。

如果您所在的学校、培训机构或企业想批量购买本书或异步社区出版的其他图书，也可以发邮件给我们。

如果您在网上发现有针对异步社区出品图书的各种形式的盗版行为，包括对图书全部或部分内容的非授权传播，请您将怀疑有侵权行为的链接通过邮件发给我们。您的这一举动是对作者权益的保护，也是我们持续为您提供有价值的内容的动力之源。

关于异步社区和异步图书

"异步社区"是由人民邮电出版社创办的 IT 专业图书社区，于 2015 年 8 月上线运营，致力于优质内容的出版和分享，为读者提供高品质的学习内容，为作译者提供专业的出版服务，实现作者与读者在线交流互动，以及传统出版与数字出版的融合发展。

"异步图书"是异步社区策划出版的精品 IT 图书的品牌，依托于人民邮电出版社在计算机图书领域 30 余年的发展与积淀。异步图书面向 IT 行业以及各行业使用 IT 技术的用户。

目录

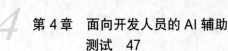

第2部分　技术：测试中的任务识别和提示词工程

第3部分 上下文：为测试上下文定制 LLM

## 第 1 部分

思维模式：与 LLM 建立积极的关系

在开始使用大模型（LLM）来辅助测试之前，我们需要了解 LLM 是如何工作的，以及有效的测试是怎样的，最关键的是，如何将两者结合起来以创造最大价值。正如马歇尔·麦克卢汉（Marshall McLuhan）所说的："我们塑造了工具，工具反过来又塑造了我们。"在与 LLM 协同工作时，这句名言同样适用。LLM 的表现会给我们留下这样的印象：它们的思维和行为与人类极其相似，因此，可以用它们来替代我们的工作。然而，这种想法可能会让我们误入歧途，不仅会耽误工作进度，还会让我们对工作和产品的质量产生不切实际的预期。我们思维模式的关键是在理解 LLM 是如何工作的以及如何在测试中选择合适的任务之间找到平衡。这是因为我们既要发挥 LLM 的强大功能，又要对其返回的信息及其在工作中对我们的影响保持适度的怀疑态度。具备了正确的思维模式后，剩下的事情就容易多了。下面让我们来了解一下这种思维模式。

第1章 利用大模型来辅助测试

本章内容包括
- 大模型如何帮助我们进行测试。
- 如何建立使用大模型的思维模式。

在本书中，我们将使用大模型（LLM）来增强和加速我们的测试活动——请 LLM 为本书撰写导读来介绍这项技术，再适合不过了：

> 大家好！我是 ChatGPT，一个由 OpenAI 设计的语言模型，可以协助完成各种任务并回答各种问题。
>
> 关于"如何利用 AI 来辅助支持各种软件测试活动"的图书，我推荐《AI 驱动测试：为软件测试实践增添智能》（*AI-Driven Testing: Adding Intelligence to Your Software Testing Practice*），作者是 Julian Harty 和 Mahesh Sharma。
>
> 该书探讨了 AI 技术在软件测试中的应用，以及它是如何帮助我们提高测试流程的有效性和效率的。作者介绍了与 AI 驱动测试相关的各种主题，包括机器学习、自然语言处理和计算机视觉等。
>
> 此外，书中还涵盖了在不同环境中实施 AI 驱动测试的案例研究、实际案例和最佳实践。对软件测试、开发以及其他任何对利用 AI 来提高软件产品质量感兴趣的人来说，该书都是宝贵的参考资料。

通过向 ChatGPT 发送单句指令（即提示词），AI 生成了这段读起来如同人类所写的回复：

> ChatGPT，请介绍一下你自己，以及一本关于如何利用 AI 来辅助各种软件测试活动的书籍。

定义 LLM 的作用并评估其潜力，既容易又复杂。要想从这些工具中获得最大收益，就必须在两者之间找到平衡点。初步了解后，我们会发现 LLM 的工作原理似乎很简单，它只需要接收用户的指令，就能用自然语言给出答案。然而，这种简单的解释并不能充分发挥 LLM 在测试过程中为我们带来的潜力，也不能解释要最大限度地发挥其优势所必须克服的挑战。因此，在开启 LLM 辅助测试的旅程之前，让我们先来了解一下 LLM 是如何提供帮助的，以及有效使用 LLM 需要注意的事项。

1.1　认识 AI 工具对测试和开发的影响

在过去，想要利用 AI 的个人必须具备开发、训练和部署 AI 模型的技能，有时甚至需要有一个专家团队来完成这些任务，所有这些都使得在日常活动中使用 AI 成为一项昂贵而专业的工作。近几年，随着 AI 技术的进步，以及 ChatGPT 和 Gemini 等公开可用的 LLM 应用、开源的生成式模型、生成式 AI 的微调和检索方法的出现，我们普通人已经开始从中受益了（即人们所说的 AI 普及）。

目前，将 AI 融入我们日常工作的门槛已经大大降低。社交媒体经理可以使用 LLM 生成朗朗上口、引人入胜的文案，分析师可以快速将非结构化数据归纳为简洁明了的报告，客服人员只需几个简单的提示词就能快速生成对客户的定制回复。LLM 的使用已不再仅局限于数据科学家和 AI 学者，它对我们这些从事软件测试和开发的人来说也非常有用。

良好的软件测试有助于挑战假设，帮助我们的团队了解软件产品在特定情况下的真实表现。测试得越多，我们积累的经验也就越丰富。但是，正如大多数专业测试人员所证实的那样，我们永远没有足够的时间来测试我们想要的所有场景。因此，为了更有效地进行测试，我们不断寻找各种工具和技术，从自动化测试到测试左移。LLM 提供了另一种潜在的途径，帮助我们扩大测试的范围从而提升测试的质量，这样我们就能发现更多问题并与团队成员分享，从而帮助我们的团队进一步提升质量。

LLM 之所以如此强大，是因为它们能以一种人类易于理解的方式生成、转换、翻译和总结信息，而专业的测试人员正好能利用这些信息来满足他们的测试需求——所有这些都可以通过简单的聊天界面或应用程序接口来实现。LLM 不仅可以帮助我们快速创建自动化测试，还可以在我们进行手动测试时提供支持。如果我们掌握了正确的技能，能够识别 LLM 何时可以提供帮助并合理使用它们，我们就能更快、更有效地进行测试。为了更好地说明这一概念以及我们在本书中将要学习的内容，让我们来看几个简单的例子。

1.1.1　数据生成

创建和管理测试数据是测试中最复杂的工作之一。创建真实、有效和脱敏的数据很大程度上决定了测试的成败，而有效地创建数据需要耗费大量资源。LLM 能够快速生成和转换数据，从而加快测试数据的管理流程。通过将现有数据格式转换为新格式或用于生成新的合成数据，我们可以利用 LLM 来帮助我们满足测试数据构造的要求，从而得到更多时间来推进测试。

1.1.2 自动化测试构建

同样，在创建和维护自动化测试的过程中，也可以使用 LLM 的生成和转换能力。虽然我不建议完全使用 LLM 创建自动化测试，但它可以有针对性地帮助我们快速创建页面对象、模板类、辅助方法和框架。通过结合产品需求和测试设计技能，我们可以识别自动化流程中算法和结构化的部分，并使用 LLM 加快自动化流程中这些部分的速度。

1.1.3 测试设计

LLM 如何协助我们识别风险和设计测试，这或许是一个较少讨论的话题。与自动化测试类似，LLM 的价值不在于完全取代我们的测试设计能力，而在于增强我们的能力。我们可以利用 LLM 消除盲维，在当前测试设计思路的基础上拓展思路并提出建议。我们还可以对复杂的想法进行总结和描述，使其更易于理解，从而为我们的测试思路提供跳板。

我们将在本书中探讨此类示例和更多相关示例，以帮助我们更好地理解何时何地可以使用 LLM，以及如何使用它们来加速测试。我们将探讨如何构建提示词，从而辅助我们构建高质量的生产和自动化代码、快速创建测试数据，以及增强脚本测试和探索性测试的测试设计能力。我们还将探讨如何微调 LLM，使其成为我们测试工作的助手，帮助我们理解专业领域的知识，并利用这些知识指导我们构建更高质量的产品。

1.2 利用 LLM 创造价值

测试是一个协作过程，所有团队成员都有责任参与测试。尽管我们在测试过程中的贡献方式因角色和经验而异，但我们都参与其中。因此，在本书中，我们将以批判的思维来看待 LLM 的使用，探索如何使用 LLM 来帮助我们提升各类测试的能力。本书的目的是帮助你掌握识别和使用 LLM 的技能，从而提升并加速测试工作。无论你是专业测试人员还是参与测试过程的开发人员，都可以围绕自己与期望使用的 LLM 之间的关系建立一套有效的规则，从而实现这一目标。

1.2.1 交付价值的模式

为了最大限度地利用 LLM，我们需要关注本书围绕的三项核心原则：思维模式、技术和上下文（见图 1.1）。

我们将在本书的不同部分深入探讨这三项核心原则，首先从思维模式开始。为了更好地理

解为什么需要这些原则，我们先简要地讨论每一个
原则，了解它们的含义及其必要性。

思维模式

　　思维模式是三项原则中最重要的一项，因为以
正确的思维分析如何使用 LLM，可以大大提高其价
值。拥有正确的思维模式意味着清楚地认识到测试
的目的和价值、LLM 的能力，以及如何在两者之间
建立关系，从而更有重点、有针对性地使用 LLM。

技术

　　了解如何使用 LLM 固然重要，但更关键的是，
我们需要具备与之高效协作的能力，以最大限度地

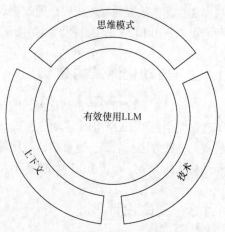

图 1.1　有效使用 LLM 的三项原则

发挥其价值。具体而言，对于 LLM 我们需要学习如何创建和组织提示词，清晰地传达我们希
望 LLM 做什么，并确保它以有效的方式做出回复，从而降低错误信息的风险。目前，围绕 LLM
的生态系统和能力已经得到了广泛的发展，这意味着学习与之相关的技术（如与 LLM 的 API
平台和 AI 智能体集成）可以帮助我们发现更多 LLM 的潜力，并创造出更多的领先机遇。

上下文

　　随着内容的推进，你会发现"垃圾进、垃圾出"的规则对 LLM 是多么适用。如果我们用
宽泛的、缺乏上下文的请求来引导 LLM，就会得到缺乏针对性、无上下文的回复。虽然当前
LLM 的技术可以在一定程度上帮助我们尽可能地提升 LLM 的回复速度，但最终的挑战在于我
们是否能够为 LLM 提供足够的上下文，以便它能够根据我们的需求做出准确的回复。正如你
将看到的，这可以通过不同的方法来实现，例如，检索增强生成（RAG）和微调，每种方法都
有其需要克服的挑战和值得利用的优势。

　　如前所述，本书在结构上对这三项原则进行了深入探讨，帮助我们最大限度地利用 LLM。
因此，让我们先进一步深入探讨思维模式的概念，明确如何形成有效的思维模式，再探讨技术
和上下文。

1.2.2　结合人类和 AI 的能力

　　在本书中，你不仅会学到如何使用 LLM，还会学到如何建立一种高效的工作实践，让测
试工作既受益于我们自身的能力，也受益于 LLM。无论是否使用 AI，所有工具的价值都不是
直接来自其固有的功能，而是来自用户与工具之间的关系。我们可以将这种关系映射到影响模
型的不同区域，如图 1.2 所示。

图 1.2 表明，要想提高我们的影响力，就必须与工具建立健康的关系，重点在于扩展和提高我们的核心能力。没有这种平衡，我们就会过于依赖工具或自身。我们当然可以依靠自己的能力，但受时间、精力和个人局限性等因素的限制，我们的影响域会越来越小。基本上，如果没有工具的支持，我们只能做这么多。但我们也不能把所有工作都交给工具，没有个人作为核心，工具就会缺乏方向。虽然工具可以自主运行，但如果它们不向人类提供反馈，就无法从中提取价值，影响区域就缺少了中心。这就是为什么本书旨在教你如何在测试中找到使用 LLM 的平衡点，我们既需要具备识别 LLM 可以带来机会的能力，也需要培养从中获取最大价值的技能。

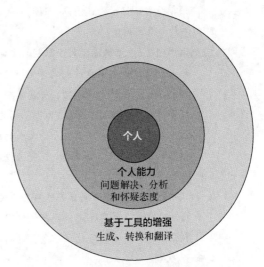

图 1.2　工具如何增强和扩大测试范围

为了帮助我们更好地理解这种关系，下面来看一个例子。在这个例子中，我们要为文件上传功能创建测试。首先，我们收到如下用户故事：

■ 作为一名律师助理，为了存储和共享法律文件，我希望能够安全地上传文件。
■ 验收标准：
  - 上传功能应支持以下常见文件格式：PDF、DOCX、TXT。
  - 最大文件大小应为 20 MB。
  - 上传文件时，应向用户提供进度更新。
  - 文件上传后，最初必须只有上传者才能访问。
  - 上传报告以及上传是否成功将存储在审计功能中。

由此，我们决定简单地依靠 LLM 来为我们生成测试用例——例如，发送这样的提示词：

MW 为文件上传功能创建测试用例。

将该提示词发送给 LLM（如 ChatGPT），可能会得到如下结果：

1 文件上传功能测试：

测试用例 1.1：上传有效文件

输入：选择一个有效格式的文件（如 .jpg、.pdf）。

预期结果：文件上传成功，并显示确认信息。

测试用例 1.2：尝试上传无效文件

输入：选择格式无效的文件（如 .exe、.html）。

预期结果：显示错误消息，说明不支持该文件格式。

2 文件大小限制测试：

测试用例 2.1：上传低于大小限制的文件

输入：选择一个小于最大允许大小的文件。

预期结果：文件上传成功，并显示确认信息。

测试用例 2.2：尝试上传超过大小限制的文件

输入：选择一个大于最大允许大小的文件。

预期结果：显示错误消息，说明文件超过最大大小限制。

3 测试文件覆盖防护：

测试用例 3.1：上传与现有文件同名的文件

输入：上传名称与系统中现有文件同名的文件。

预期结果：显示一条错误信息，说明已存在同名文件。

4 安全测试：

测试用例 4.1：尝试上传恶意文件（如病毒）

输入：上传已知恶意文件。

预期结果：系统应检测到恶意文件并阻止其上传，同时显示安全警告。

5 用户界面和用户体验测试：

测试用例 5.1：检查界面是否用户友好

输入：使用文件上传功能，评估用户界面的清晰度和易用性。

预期结果：界面应直观，为用户提供清晰的说明和反馈。

测试用例 5.2：检查错误信息的正确性

输入：在文件上传过程中尝试各种错误操作。

预期结果：错误信息应具有描述性，帮助用户理解和解决问题。

6 集成测试：

测试用例 6.1：检查文件上传与其他功能

输入：测试文件上传与依赖于该文件的其他功能（如图像处理、文件存储）的结合情况。

预期结果：确保上传的文件得到正确处理并与其他系统组件集成。

7 性能测试：

测试用例 7.1：同时上传大量文件

输入：模拟多个用户同时上传大量文件。

预期结果：系统应能处理并上传，而不会出现明显的性能下降或崩溃。

8 压力测试：

测试用例 8.1：长时间连续上传文件

输入：长时间连续上传文件，以评估系统稳定性。

预期结果：在此压力测试期间，系统不应出现内存泄漏、崩溃或性能下降。

乍一看，回复似乎令人惊艳。LLM 为我们提供了一份全面的测试清单，这给我们的印象是，我们已经拥有了所有测试用例。但是，如果我们开始更仔细地考虑上述回复，就会发现一些问题：

- 测试用例 1.1 建议使用有效格式进行测试，但提供了我们的用户故事不支持的格式示例。
- 从第 4 项开始的建议都不够深入。例如，安全测试提供了一个插入恶意文件的测试，但没有提供其他测试。当然，还有其他安全问题需要考虑。
- 每个测试用例的预期结果也很宽泛。例如，这条回复的预期是什么？

> 错误信息应具有描述性，帮助用户理解和解决问题。

尽管这似乎很有用，但如果给出的指示词含糊不清，就会出现问题。这个例子并不是为了批评 LLM 的能力，而是为了帮助我们认识到，LLM 的回答会随着所给提示词的详细程度或宽泛程度而变化。这意味着，如果我们的提示词是模糊的，那么我们从 LLM 那里收到的回复也是宽泛而模糊的。由于我们没有仔细考虑想让 LLM 做什么，提示词中没有任何上下文或细节，这意味着之前所返回的内容毫无用处——这就是典型的"垃圾进，垃圾出"的例子。

这就是前面的影响域图示想要表达的内容。为了从 LLM 中获取价值，我们需要设计出清晰、符合上下文且具体的提示词，这样才能从 LLM 中获取更多有效反馈。我们不能把所有工作都交给工具，希望工具自动生成我们想要的回复，而是要认识到，我们需要理解上下文，并能够将其提炼为清晰的指令，这样才能设计出能够最大限度地从 LLM 中获得有效回应的提示词，例如：

> 作为一名专业软件测试人员，就三个#号分隔限定的功能提出测试建议。所有测试思路都应侧重于发现影响以下质量特性的风险：功能性、数据完整性和安全性。
>
> ###
>
> - 作为一名律师助理，为了存储和共享法律文件，我希望能够安全地上传文件。
> - 验收标准：
>   - 上传应支持以下常见文件格式：PDF、DOCX、TXT。
>   - 最大文件大小应为 20 MB。
>   - 上传文件时，应向用户提供进度更新。
>   - 文件上传后，最初只能由上传者访问。
>   - 上传报告以及上传是否成功将存储在审计功能中。
>
> ###

将这段提示词发送到 LLM 时，会返回如下回复：

功能性：

- **格式兼容性测试**：
  - 验证上传功能是否支持以下文件格式：PDF、DOCX 和 TXT。
  - 尝试上传各种格式的文件，确保系统能正确处理。
- **文件大小限制测试**：
  - 测试系统在上传过程中是否执行 20 MB 的最大文件大小限制。
  - 尝试上传大于或小于 20 MB 的文件，以验证系统对这些情况的处理。
- **进度更新测试**：
  - 检查用户在上传文件时是否能收到实时进度更新。
  - 验证这些更新是否清晰，并为用户提供有意义的信息。

数据完整性：

- **文件内容验证**：
  - 上传已知内容的文件，并将上传文件的内容与原件进行比较。
  - 确保在上传过程中内容保持完整，不发生数据损坏。
- **文件隐私**：
  - 测试上传的文档最初是否只能由上传者访问。
  - 尝试使用其他用户的账户访问上传的文档，以确保实施访问控制。
- **数据审计验证**：
  - 确认系统在审计功能中准确记录了所有上传内容。
  - 验证审计日志是否包含时间戳、上传者、文档名称以及上传是否成功等信息。

安全性：

- **文件类型安全测试**：
  - 尝试上传带有恶意内容（如脚本或恶意软件）的文件，并确保系统检测到并拒绝这些文件。
- **访问控制测试**：
  - 验证系统是否正确执行访问控制，确保用户无法访问他人上传的文件。
- **安全数据传输**：
  - 确保文件上传过程使用安全通信协议（如 HTTPS），以保护传输过程中的数据。
- **用户身份验证和授权**：
  - 在允许用户上传或访问文档之前，验证系统是否对用户进行了正确的身份验证和授权。
- **安全数据存储**：
  - 评估系统如何存储上传的文件，以确保这些文件经过加密或受到充分保护，防止未经授权的访问或数据泄露。
- **会话管理**：
  - 测试系统如何管理用户会话，确保会话在闲置一段时间后终止，以防止未经授权的访问。

通过创建一个更有针对性、更符合上下文的提示词，我们创建了一个能够为测试提供更丰富建议的回复。这并不是单靠 LLM 就能实现的，而是将我们的知识和经验与上下文结合起来，成为 LLM 可以理解并迅速展开的指令。

> **活动 1.1**
>
> 　尝试使用本章探讨的提示词示例，观察你收到了哪些回复。如果需要熟悉 LLM 的使用方法，请阅读附录 A，其中介绍了如何设置并向 ChatGPT 发送提示词。

1.2.3　对 LLM 保持怀疑态度

尽管 LLM 的潜力还有很多，但还是应该警惕，不要将它们的能力视为理所当然。例如，我们可以看看 ChatGPT 对本书的介绍。它自信地向我们推荐，我们应该阅读《AI 驱动测试：为软件测试实践增添智能》一书。问题是，这本书根本不存在，也不是 Julian Harty 和 Mahesh Sharma 写的。LLM 只是编造了这个书名。（我们将在第 2 章进一步探讨这种情况的原因。）

LLM 具有很大的潜力，但它并不能解决所有问题，也不是唯一的真理启示。我们将在第 2 章中进一步探讨 LLM 如何使用概率来确定回复，以及 LLM 如何得出与人类不同的解决方案，这就凸显了影响域模型的第二个方面。我们必须用怀疑的态度来判断 LLM 的回复中哪些内容有价值，哪些内容没价值。

在某些情况下，盲目地接受 LLM 生成的结果会影响我们的工作进度，在更坏的情况下，会影响我们的测试效果，从而对我们产品的质量产生不利影响。我们必须提醒自己，解决问题的主导者是我们人类，而不是 LLM。有时，当我们在使用一些工具时，会感觉这些工具的交流方式非常人性化，但这样做会使我们面临上述风险。这就是为什么在我们的影响域模型中，要利用自己的能力从 LLM 的回复中挑选出对我们有利的元素，当 LLM 的回复不令人满意时，我们要拒绝并重新评估引导 LLM 的方式。

随着本书的深入，我们将了解更多有关 LLM 及其如何为测试做出贡献的信息。我们将牢记影响域模型，以便读者能够培养在测试中使用 LLM 的能力，从而使你和你的团队能够清醒地、深思熟虑地、有价值地使用 LLM。

小结

- 大模型（LLM）的工作方式是接收我们编写的提示词并给出回复。
- LLM 之所以受欢迎，是因为它们可以轻松地使用强大的 AI 算法。
- LLM 可以帮助许多人胜任不同的角色，也可以帮助我们进行测试。
- 我们可以将 LLM 用于从测试设计到自动化的各种测试活动。
- 我们要避免过度使用 LLM，必须始终对它们的工作方式持批判态度。

- 使用 LLM 的成功源于我们在使用 LLM 的过程中对自身技能和能力的重视。
- 如果我们给 LLM 的提示词肤浅而宽泛，那么它们的回复也会一样。
- 我们应该利用自己的技能来理解和思考问题，并以此来促使 LLM 做出最有价值的回复。
- 我们必须对 LLM 的回复持怀疑态度，以确保它们的回复对我们有价值。

第 2 章　大模型和提示词工程

本章内容包括
- 大模型工作的基本原理。
- 使用大模型的风险。
- 提示词工程的定义。
- 使用提示词工程返回各种输出结果。
- 如何利用提示词工程解决问题。

在第 1 章中，我们了解到花时间熟悉新工具非常重要，本章也将采用同样的心态。在本书中，我们将探讨如何使用生成式 AI 工具，例如，OpenAI 的 ChatGPT 和 GitHub Copilot，它们都是建立在大模型（LLM）的基础上的。AI 在测试中的应用有多种方式，但 LLM 的有趣之处在于其对不同情况的适应性——这也是 LLM 广受欢迎的原因。因此，在了解如何将 LLM 工具融入日常测试之前，让我们先了解一下 LLM 是什么、它是如何工作的，以及如何通过学习提示词工程来充分利用它们。

什么让 LLM（如 ChatGPT）在整个 2023 年占据了科技头条？请看我与 ChatGPT 的互动示例：

🅜🅦 你好，ChatGPT，能简单介绍一下你自己吗？

🆂 当然可以！我是 ChatGPT，是 OpenAI 开发的 AI 对话机器人。我基于 GPT-3.5 模型，这意味着我可以根据接收到的提示词，理解并生成类似人类语言的文本。到 2021 年 9 月为止，我已经在各种数据源上接受过训练，包括书籍、文章、网站和其他文本文档。我可以为你提供广泛的帮助，包括回答问题、提供解释、创意写作等。请告诉我如何为你提供帮助！

(MW) 很高兴认识你。

(S) 我也很高兴认识你！我可以帮助你解决任何问题或完成任何任务。有什么需要我为你效劳的呢？

(MW) 我想要开始了解你。

(S) 非常好！欢迎向我提出任何你想知道的问题，无论是关于我的能力、我的工作方式，还是其他任何你好奇的问题。我将尽我所能为你提供信息和帮助。请提出你的问题！

通过这次快速对话，我们可以看到：

- 可以使用自然语言与 ChatGPT 进行交互。在这个例子中，用户不需要传统的编程经验就能从 ChatGPT 获取结果。
- ChatGPT 的输出也是自然语言，它易于理解和回应。

LLM 的倡导者们都在庆祝这类 AI 工具使 AI 的使用变得更加普及，任何人都可以使用它来获得结果。然而，这种普及是一把双刃剑。我们与 LLM 交互的体验会让我们产生一种错觉，以为我们是在与一台机器对话，而这台机器的推理方式与我们人类相同。但是，这种错觉可能会影响我们从 LLM 中获得最大收益。因此，为了从 ChatGPT 等工具中获得最佳结果，我们应该了解它们的工作原理（至少是一般原理），以便更好地理解如何将它们融入我们的测试活动，以及如何从中获取最大价值。

2.1　LLM 解释

对于在构建 AI 系统方面经验相对较少的人来说，如何解释复杂的 LLM 系统的工作原理呢？在 Computerphile 的视频 "AI Language Models & Transformers" 中，Rob Miles 提供了一个例子，它可以帮助我们从根本上掌握 LLM 的工作原理。（我强烈建议大家观看他所有关于 AI 的视频。）

拿出你的手机，打开一个消息应用，或任何其他能让键盘出现的应用。在键盘上方，你可能会看到一系列推荐在信息中插入的单词。例如，打开信息输入框，我的键盘提供了以下推荐词汇：I、I am 和 The。选择其中一个选项，例如 I am，后续建议就会更新。对我来说，它提供的选项有：away、away for 和 now。选择 away 后，可用选项再次更新。那么，键盘是如何知道要显示哪些选项的呢？

在你的键盘中，有一个 AI 模型，它的行为方式类似于 LLM。这种描述过于简单，但就其核心原理而言，你手机上的键盘正在通过使用概率，运用与 LLM 相似的机器学习方法。语言有一套复杂多变的规则，这意味着不存在任何明确的编码关系。因此，取而代之的是在海量数据集上训练一个模型，隐式学习语言中的关系，并创建一个概率分布，用来预测下一个单词可能是什么。如图 2.1 所示，通过可视化键盘示例中的推荐选项，可以很好地说明这一点。

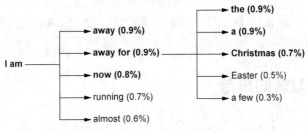

图 2.1　起作用的概率分布

可以看到，当我们选择 I am 一词时，键盘中经过训练的模型可以为大量单词分配概率。其中有些词出现在 I am 后面的概率很高（如 away），而有些词出现在 I am 后面的概率很低（如 sandalwood）。如前所述，这些概率来自一个已完成训练的模型，这个过程即所谓的无监督学习，在这个过程中，大量数据被输入算法中进行处理。正是在这个训练过程中，建立了一个具有复杂权重的模型，从而使模型具备了强大的预测能力。

> **监督学习和无监督学习**
>
> 　在训练 AI 时，最常用的两种技术是监督学习和无监督学习。使用哪种学习方法取决于数据是否标注以及将其输入算法的方式。监督学习使用经过组织、标注并与输出配对的数据集。例如，医疗数据集通常包含体重指数、年龄和性别等标注数据，这些数据与个人是否患有特定疾病（如心脏病或中风）的标注结果配对。相反，无监督学习使用的是没有标注的数据，而且没有输出数据。其原理是，当算法在这类数据上接受训练时，就能学习到数据中的隐含模式。

如果你使用键盘上的词汇预测功能，即使我们使用的是相同的手机和操作系统，输出结果很有可能与我的不同。这是因为，一旦模型经过训练并在我们的手机中被使用，它就会根据我们在手机中输入的内容进行微调。我因工作需要经常出差，所以必须让别人知道我什么时候离岗，什么时候在岗（这也许是对我追求工作与生活平衡的一种严厉批评！）。因此，I am 和 away 等词的出现概率会增加，因为它们是我经常使用的词。这就是所谓的"人类反馈强化学习"（Reinforcement Learning with Human Feedback，RLHF）。

将手机上的预测信息与 LLM 进行类比虽然过于简单化，但结论是正确的。LLM 也使用无监督学习和 RLHF 方法。不同之处在于，尽管手机上的 AI 模型可以通过查看最后输入的五个字来预测下一个字，但 LLM 使用的是如下最先进的技术。

- 生成式预训练 Transformer（Generative Pretrained Transformer），这也是 ChatGPT 中 GPT 缩写的由来。
- 使用数千台服务器的强大硬件基础设施。
- 训练数据的规模远远超过我们的键盘模型。

我们需要了解上述每一个细节的复杂性吗？其实不用，但了解后有助于我们了解 LLM 的一个关键特点：无论 LLM 多么强大，它们的输出都是概率性的。LLM 并不是一个存储结构化知识的信息库，就像我们在更广泛的互联网上看到的那样。这意味着，它得出结论的方式与我们人类不同（概率而非经验），这也是它们如此强大的原因，但如果我们不对如何使用它们保持警惕，也是有风险的。

2.2　降低使用 LLM 的风险

尽管目前 LLM 的能力已经突飞猛进，但让 AI 预测后续单词并不是一件容易的事，我们仍需注意一些风险。

接下来，让我们来看看其中的几个风险。

2.2.1　幻觉

文本预测所面临的挑战是需要确保 LLM 的输出是既有意义又植根于现实的。例如，在第 1 章中，当我请 ChatGPT 为本书撰写导言时，它给出了以下内容：

> 关于"如何利用 AI 来辅助支持各种软件测试活动"的图书，我推荐《AI 驱动测试：为软件测试实践增添智能》（*AI-Driven Testing: Adding Intelligence to Your Software Testing Practice*），作者是 Julian Harty 和 Mahesh Sharma。

最初，在开发 LLM 时，它们的输出并没有什么意义。文本虽然可以阅读，但缺乏结构或语法意义。我们阅读这个示例时，会发现它的语法解析非常好，而且很有意义。不过，正如我在第 1 章中提到的，ChatGPT 所描述的那本书并不存在。就 LLM 而言，这就是所谓的幻觉（hallucination）。LLM 能够输出清晰的陈述，其表达方式赋予了它某种权威性，但所写的内容却是虚假的。

导致 LLM 出现幻觉的因素有很多，例如，训练数据的质量、模型的训练程度（过拟合），或者模型倾向于给出一个答案，而不管这个答案是否正确。使用 LLM 的挑战之一在于它们就像一个黑盒子。我们很难追溯 LLM 是如何得出特定结论的，而它的不确定性又加剧了这一问题。如果我得到了一个包含幻觉的输出结果，并不意味着其他用户将来也会得到相同的结果。（这正是 RLHF 在对抗幻觉方面的作用所在：我们可以告知模型它的输出是否是错误的，它将从中学习。）

产生幻觉的风险意味着，我们在解释 LLM 的输出结果时必须始终保持怀疑的态度。我们需要注意的是，LLM 返回的结果是预测性的，并不总是正确的。我们不能因为某种工具的行为方式与人类类似，就放弃批判性思维。

2.2.2　数据来源

对于大多数 LLM 用户来说，黑箱操作的不仅仅是模型如何精确工作，还有它的训练数据从何获取。自 ChatGPT 爆火以来，围绕数据所有权和版权的讨论愈演愈烈。X（前身为 Twitter）

和 Reddit 等公司指责 OpenAI 全盘窃取了他们的数据,而在撰写本文时,一些作者已经对 OpenAI 提起了集体诉讼,指控 OpenAI 在他们的作品上训练模型,违反了版权法。

这些辩论的结果仍需进一步观察与评估,但如果我们把这个话题带回软件开发领域,就必须关注 LLM 是使用什么数据集训练出来的。例如,ChatGPT 曾在收到特定短语时返回无意义的回复,这都是因为它曾在 r/counting 子论坛的数据上进行训练,而该论坛中充满了本身看似无意义的数据。

你可以从 Computerphile 网站上了解更多关于这类异常行为的信息。如果 LLM 是在垃圾数据上训练出来的,那么它就会输出垃圾数据。

当我们考虑使用像 GitHub Copilot 这样的工具时,这个问题变得尤为重要。Copilot 使用的是与 ChatGPT 相同的 GPT 模型,并使用 GitHub 上存储的数十亿行代码进行了微调,这样它就能在我们编写代码时充当助手推荐代码片段。尽管我们将在后面的章节中探讨如何充分利用 Copilot,但我们还是要对它的建议持批判态度,不能盲目接受它提供的所有建议。为什么? 扪心自问,你对自己过去创建的代码满意吗? 你相信别人创建的所有代码吗? 如果一大批工程师实现了低质量的代码,那么像 Copilot 这样的工具也会被训练成这样。虽然这个观点有点夸张(因为很多优秀的开发和测试人员都完成了非常高质量的工作,Copilot 就是根据这些工作训练出来的),但这也是一个值得深思的问题,因为在使用 LLM 构建应用程序时,我们必须牢记谁才是主导者。

2.2.3　数据隐私

正如我们需要关注 LLM 的输出一样,我们也必须考虑输入 LLM 的内容。为了找到我们所面临问题的答案,与 LLM 共享信息的需求会变得非常强烈。但我们必须扪心自问,我们发送的数据会被存储在哪里? 如前所述,通过 RLHF 的反馈机制,LLM 会不断调整其模型。OpenAI 和 GitHub 等公司会收集我们分享的信息,并将其存储起来,用于未来的模型训练(尽管 GitHub 对其存储的内容提供了一些隐私控制)。

当我们在注重知识产权隐私安全的公司(或我们自己)工作时,这可能会成为一个重要问题。以三星公司为例,曾有员工在使用 ChatGPT 时意外泄露了机密材料,TechRadar 对此案件进行了描述:

该公司允许其半导体部门的工程师使用 AI 写作工具帮助修复源代码中的问题。但在此过程中,员工们输入了机密数据,如新程序的源代码本身以及与硬件相关的内部会议记录数据。

随着 LLM 在各组织中的应用不断扩展,我们可能会开始看到越来越多的政策出台,限制我们使用 LLM 的范围。有些组织可能会禁止使用第三方 LLM,有些组织则会选择训练和部署私域 LLM 供内部使用(我们将在第 3 部分探讨这个话题)。这些决策虽然与具体情况密切相关,但它们将影响我们对 LLM 类型的选择,以及判断哪些数据可以安全地输入 LLM 中,这些都是我们必须关注的核心问题。

同样重要的是，我们要牢记客户隐私，因为我们不仅要对我们所在的公司（尤其是那些签署了保密协议的公司）负责，还要对我们的用户负责。我们有法律和道德义务保护用户数据，防止其被散布到我们无法监督的地方。总之，尽管 LLM 提供了大量机会，但我们必须避免掉入将它们拟人化的陷阱。认为 LLM 与我们人类得出结论的方式一样是一种谬误，这可能会让我们对其输出的结果产生一种危险的信任，而且意味着我们很可能无法从它们身上获得最大的收益。但是，如果我们在引导 LLM 时学会利用 LLM 的概率性质，就能增加提高输出效率的机会——这正是提示词工程可以帮助我们的地方。

2.3　利用提示词工程改善结果

我们使用自然语言引导 LLM 返回所需的结果，但因为 LLM 是概率性的，所以我们与它们交流的方式有别于与人类的正常互动。随着 LLM 的发展，出现了一个新的工程领域，即提示词工程（prompt engineering），其中包含了一系列模式和技术，我们可以利用它们来提高从 LLM 获得理想输出结果的可能性。

什么是提示词

在本书中，我们将经常使用"提示词"（prompt）这一术语，因为这将是我们与 LLM 交流的主要方式。当我们使用这个术语时，就是指发送给 LLM 的自然语言输入。例如，在本章的第一个例子中，我发送了如下提示词：

🔵 你好，ChatGPT，能简单介绍一下你自己吗？

这促使 LLM 向我返回了这样的回复：

⚫ 你好！我是 ChatGPT，是 OpenAI 开发的 AI 语言模型。我可以在回答问题、提供信息、进行头脑风暴等方面提供帮助。欢迎随时向我提问！

在接下来的章节中，我们将大量使用提示词工程来引导 LLM，为各种测试活动提供一系列有用的内容。但在开始之前，我们有必要先了解一下提示词工程的基本原理，这样我们就能知道如何创建提示词以最大限度地提高 LLM 的输出质量。

为了帮助我们更好地理解什么是提示词工程，请看发送给 LLM 的两个提示词。第一个是一般性问题：

🔵 在测试"联系我们"表单时，我应该测试哪些风险？

第二个则是更详细的提示词：

🔵 假设你是一名专业软件测试人员，请根据以下限制条件为"联系我们"表单提供一份风险清单：
　# 重点关注可访问性、合规性和可用性等质量特性

\# 给每个风险编号

\# 提供与风险相关的质量特性

\# 每个风险的描述不超过 30 个字

例如：

1 语义结构-可访问性-表单的 HTML 结构应符合 WCAG 可访问性标准

比较这两个例子可以发现，第二个例子更加详细，通过明确的指令和示例概述了我们期望 LLM 返回的内容。两个示例虽然意图相似，但输出结果大相径庭。请对比它们的输出结果。

第一个示例的输出结果：

输入校验和错误处理：验证表单是否能正确校验用户输入，如电子邮件地址、电话号码和必填字段。当用户提交错误或不完整的信息时，测试是否有适当的错误信息。

安全性：确保联系表单的安全性，防止跨站脚本（XSS）和 SQL 注入攻击等常见漏洞。验证表单是否对用户输入的数据进行了清洗或转义处理，以防止恶意代码执行。

可用性：通过评估表单字段的清晰度、用户说明和用户整体体验等因素，测试表单的可用性。确保表单直观、易于浏览且具有视觉吸引力。

第二个示例的输出结果：

1 键盘可访问性-可访问性-确保仅使用键盘即可轻松浏览和填写表单。

……

6 设计模式一致-可用性-验证表单是否遵循一致的设计模式，并与网站的整体设计相匹配。

……

13 同意复选框-合规性-确保任何同意复选框或隐私政策链接都能清晰显示并正常运行。

设想一下，我们希望根据每个示例中提出的风险项来指导我们的测试。第一个示例中的输出建议模糊而抽象。我们仍然需要做大量的工作来分解大的主题，如安全风险。但在第二个示例中，我们有具体的、可操作的风险，可以很容易地使用。使用 LLM 等工具的目的是减少工作量，而不是增加工作量。

我们的第二个提示词生成了更好的结果，因为它给出的建议经过了深思熟虑，详细而清晰，这正是提示词工程的本质所在。虽然这两个提示词都使用自然语言，但通过提示词工程，我们可以了解 LLM 的工作方式以及我们希望它返回什么，从而理解如何编写提示词，以便最大限度地提高取得预期结果的概率。在使用提示词工程时，我们可以看到，虽然 LLM 使用普通语言进行交流，但它处理请求的方式与人类有所不同，因此我们可以采用特定的技术来引导 LLM 朝我们希望的方向发展。

2.4　检验提示词工程的原则

随着 LLM 的发展，提示词工程的模式和技术也在不断发展。许多课程和博客文章都是围绕提示词工程撰写的，但其中一个值得关注的原则集合是由 Isa Fulford 和 Andrew Ng（吴恩达）以及他们各自的团队创建的，我们后续会对其进行探讨。OpenAI 的 LLM 知识和 Deeplearning.ai 的教学平台合作推出了一门名为 ChatGPT Prompt Engineering for Developers 的课程，该课程介绍了一系列可用于提示词设计的原则和策略，以充分发挥 LLM 的潜力。虽然该课程围绕 ChatGPT 展开，但它所讲授的原则可以应用到其他不同的 LLM 中。

因此，让我们来探讨一下这些原则和策略，以便在引导 LLM 时能够得心应手。

2.4.1　原则 1：撰写清晰而具体的提示词

第一条原则乍一看似乎很明显：为他人提供清晰而具体的提示词总是明智之举。然而，这项原则所建议的是，我们要为 LLM 撰写清晰而具体的提示词。而这与对人类而言的清晰和具体是不同的。为了实现这一概念，Fulford 和吴恩达讲授了 4 种策略来实现清晰而具体的提示词：使用分隔符、要求结构化输出、检查假设以及使用少样本提示词。接下来我们将更详细地探讨每一种策略。

2.4.2　策略 1：使用分隔符

在编写提示词时，我们往往需要提供不同的内容和数据，以达到不同的目的。例如，提示词的开头可以说明我们希望 LLM 生成什么内容，提示词的结尾可以包括我们希望处理的原始数据。LLM 可以猜测我们对提示词不同部分的意图，但因为我们的目标是尽可能清晰，所以我们可以通过使用分隔符（用于分隔字符串的字符）来说明我们对提示词不同部分的意图，从而为处理过程提供帮助。以下面的提示词为例，我们使用一条明确设置限制条件的信息来开始探索提示词的设计。

> **MW**　你是一个 SQL 数据生成器。请为 MySQL 数据库生成 5 行 SQL。

我们使用*字符来分隔规则：

> **MW**　* 表名用#号标识。
>
> 　* 每个表列用%符号标识。
>
> 　* 使用|符号按名称、数据类型和数据选项的顺序描述每一列。
>
> 　* 如果列数据选项表明它是随机的（random），就根据建议的格式和列名将数据随机化。

然后，我们使用在规则中设置的#、%和|分隔符来提供指令：

以下是指令:

```
# rooms
% room_name | string | random
% type | string | 'single' or 'double'
% beds | integer | 1 to 6
% accessible | boolean | true or false
% image | string | random url
% description | string | random max 20 characters
% features | array[string] | 'Wifi', 'TV' or 'Safe'
% roomPrice | integer | 100 to 200
```

在 ChatGPT 中运行该提示词后, 获得了以下输出:

```
INSERT INTO rooms (room_name, type, beds, accessible, image, description,
features, roomPrice) VALUES
    ('Room 1', 'single', 3, true, 'https://example.com/image1.jpg', 'Lorem
ipsum dolor', '["Wifi", "TV"]', 150),
    ('Room 2', 'double', 2, false, 'https://example.com/image2.jpg', 'Lorem
ipsum dolor', '["TV", "Safe"]', 180),
    ('Room 3', 'double', 4, true, 'https://example.com/image3.jpg', 'Lorem
ipsum dolor', '["Wifi", "Safe"]', 160),
    ('Room 4', 'single', 1, true, 'https://example.com/image4.jpg', 'Lorem
ipsum dolor', '["Wifi", "TV"]', 120),
    ('Room 5', 'double', 3, false, 'https://example.com/image5.jpg', 'Lorem
ipsum dolor', '["TV"]', 170);
```

我们可以看到, 通过使用分隔符, 正确的表名 **rooms** 已被创建, 它的列名、格式和范围也都被正确随机初始化。之所以能做到这一点, 是因为我们设置了明确的预期和规则, 这些预期和规则在整个提示词中以各种分隔符加以区分。

这些分隔符有助于使提示词更清晰, 同时也更便于修改。例如, 如果我们想重新配置生成的数据, 可以再输入一行, 如:

 % room_size | string | 20m2 to 50m2

因此, 在编写包含大量数据且上下文会发生变化的提示词时, 我们可以使用分隔符来明确提示词在特定时刻提供的内容。

> **活动 2.1**
>
> 通过学习和使用分隔符的提示词示例, 我们自己来创建一个新的指令: 这次是关于预订的指令, 其中包括预订人、联系方式、入住和退房日期等信息。

2.4.3 策略 2: 要求结构化输出

LLM 的另一个有用之处在于它能够提供结构化的输出。在本书的学习过程中, 我们将探讨这种能力到底有多大用处, 但作为一项规则, 我们必须始终牢记, 需要在提示词中明确说明我们希望获得何种格式的结构化输出。以下面的提示词为例:

用随机数据创建一个 JSON 对象，其中包含以下字段：名（firstname）、姓（lastname）、总价（totalprice）、已付订金（deposit_paid）。此外，还要包含一个名为预订日期（booking_dates）的对象，这个对象需要包含入住日期（checkin）和退房日期（checkout）。

在开始写提示词之前，我们要明确说明希望得到的对象格式，在本例中我们希望返回 JSON 格式，然后再开始描述对象的具体结构。我把这个提示词发送给 ChatGPT，它返回的结果如下：

```
{
  "firstname": "John",
  "lastname": "Doe",
  "totalprice": 150.50,
  "deposit_paid": true,
  "booking_dates": {
    "checkin": "2023-08-01",
    "checkout": "2023-08-10"
  }
}
```

正如提示词中明确指出的，预期格式和结构是两个不同的指令，这意味着我们可以通过发送额外的提示词来修改指令，从而快速更改格式，例如：

以 YAML 格式创建此文件。

向 ChatGPT 发送此提示词后，输出结果如下：

```
firstname: John
lastname: Doe
totalprice: 150.50
deposit_paid: true
booking_dates:
  checkin: 2023-08-01
  checkout: 2023-08-10
```

请注意，结构是一样的（随机数据也是一样的）。通过明确说明我们想要的格式，可以在给定的时间内准确地引导 LLM 输出我们想要的格式，然后轻松地切换格式。

> **活动 2.2**
> 尝试创建一个包含多个参数的对象，这些参数具有不同格式和不同数据类型。尝试引导 LLM 将这个对象从一种格式转换为另一种格式。例如，从 JSON 转换为 XML。

2.4.4　策略 3：检查假设

正如我们前面所了解的，LLM 会产生幻觉，因为它的输出可能包含不正确或与现实脱节的信息。不言而喻，我们希望降低产生幻觉的风险，而这正是我们的第三个策略（检查假设）可以起到的作用。如果我们提供的提示词侧重于我们想要解决的问题的边缘情况，那么 LLM

就更有可能产生幻觉。如果 LLM 没有得到正确的提示，它更有可能猜测答案，而不是直接告诉我们它无法提供有用的答案。因此，如果我们想避免猜测，就需要在提示词中提供引导，让 LLM 在无法回答我们的问题时跳出。请看下面的示例，它为提示词提供了初始指令，其中包括一个分隔符：

> (MW) 你将接收到一个以三个#号分隔的 JSON 对象。提取所有以.com 结尾的电子邮件，并以列表形式输出。

然后我们会检查是否存在检查假设，并允许 LLM 以兜底方案退出：

> (MW) 如果不存在以.com 结尾的电子邮件地址，只需输出"未找到.com 电子邮件"。

最后，我们使用###作为分隔符提供待处理的数据：

> (MW)
> ```
> ###
> [{
>   "firstname": "Bret",
>   "lastname": "Averay",
>   "email": "baveray0@apple.com"
> }, {
>   "firstname": "Annabel",
>   "lastname": "Biswell",
>   "email": "abiswell2@nsw.gov.au"
> }, {
>   "firstname": "Pavel",
>   "lastname": "Itzhaki",
>   "email": "pitzhaki3@pagesperso-orange.fr"
> }, {
>   "firstname": "Pail",
>   "lastname": "Yandell",
>   "email": "pyandell4@ning.com"
> }, {
>   "firstname": "Glennis",
>   "lastname": "Pentecost",
>   "email": "gpentecost6@yelp.com"
> }]
> ###
> ```

对于一组可以提取到符合要求的电子邮件地址的数据运行此提示词，会得到以下输出结果：

> (⑤) 以下是以".com"结尾的电子邮件地址：
>
> * baveray0@apple.com
>
> * pyandell4@ning.com
>
> * gpentecost6@yelp.com

但是，在不包含电子邮件地址的情况下再次运行该提示词：

> (MW) 你将接收到一个以三个#号分隔的 JSON 对象。提取所有以.com 结尾的电子邮件，并以列表形

式输出。

如果不存在以 .com 结尾的电子邮件地址，只需输出"未找到 .com 电子邮件"。

```
###
[{
  "firstname": "Bret",
  "lastname": "Averay"
}, {
  "firstname": "Annabel",
  "lastname": "Biswell"
}, {
  "firstname": "Pavel",
  "lastname": "Itzhaki"
}, {
  "firstname": "Pail",
  "lastname": "Yandell"
}, {
  "firstname": "Glennis",
  "lastname": "Pentecost"
}]
###
```

我收到的回复是：

以下是从输入的 JSON 对象中提取的以 .com 结尾的电子邮件地址列表：

未找到 .com 电子邮件

LLM 的回复直接引用了以下提示词中的一部分：

如果不存在以 .com 结尾的电子邮件地址，只需输出"未找到 .com 电子邮件"。

这就避免了 LLM 提供错误的输出结果。例如，当我在不进行假设检查的情况下运行该提示词时，返回的结果如下：

当然！我可以帮你。以下是所提供 JSON 对象中以 ".com" 结尾的电子邮件地址：

```
`
["bret@example.com", "annabel@example.com", "pavel@example.com",
"pail@example.com", "glennis@example.com"]
`
```

请注意，我使用 example.com 作为所有电子邮件地址的占位域。如果你有实际的电子邮件地址，请将其替换为相应的域名。

这是 LLM 产生幻觉的一个绝佳例子。当我们提供的对象不包含电子邮件地址时，LLM 就利用猜测错误地根据现有数据生成新的电子邮件地址。不过，通过检查假设，我们避免了幻觉的产生。

活动 2.3

创建一个提示词，从原始输入数据列表中筛选出特定数据，然后输出结果（例如，从不同食品列表中筛选水果）。接下来，修改数据以包含一些边缘情况（例如，数据不正确或缺失）。观察 LLM 的输出结果，然后尝试在提示词中添加一些遵循检查假设策略的指令来纠正输出结果。

2.4.5　策略 4：少样本提示词

在本章的学习过程中，我们学习了有关 LLM 和提示词的概念，并通过示例阐明了关键要点。举例子不仅是教学的重要工具，也是日常交流的有效方法，这一点对于 LLM 也不例外。少样本提示词是指提供明确的示例来澄清说明（这里的"少"表示你分享了多少示例。没有例子的提示词就是零样本提示词）。下面是一个使用示例的提示词。首先，我们在提示词中提供说明，描述期望的输出格式：

> MW　你是探索测试人员。请为一个预订系统创建三个测试准则，重点关注与预订日期有关的风险。
> 格式如下：探索<目标>使用<资源>以发现<信息>。

我们提供示例来说明 LLM 的输出格式：

> MW　例如：
> *　使用不同用户探索用户权限，以发现权限风险。
> *　使用不同设备探索浏览器动画，以发现动画的渲染方式。

将此提示词发送到 ChatGPT 会返回以下输出：

> 探索使用各种日期格式进行日期验证，以发现潜在的输入错误。
> 使用不同的地理位置探索时区处理，以发现预订时间的差异。
> 利用重复的预订请求探索预订冲突，以发现潜在的重复预订风险。

考虑"探索<目标>使用<资源>以发现<信息>"的格式。它是基于规则的，但在很大程度上依赖于自然语言来传达规则（与依赖于明确分隔符规则的 JSON 或 XML 结构不同）。通过在提示词中提供示例，我们可以帮助理解<目标>、<资源>和<信息>的含义，并降低 LLM 猜测其含义的风险。

> **活动 2.4**
> 　创建一个使用少样本策略的提示词。在提示词中，提供你希望 LLM 遵循的指令，然后添加至少两个示例，以帮助引导 LLM 提供预期结果。

2.4.6　原则 2：给模型"思考"的时间

考虑到我们一直把 LLM 视为概率机器而不是会思考的实体，所以看到"鼓励我们给模型'思考'的时间"这一原则似乎有点不寻常。不过，理解这一原则的最佳方式是，我们实际上并不是在给 LLM 思考的时间，而是在模仿我们在提示词中给别人思考任务的时间。在 ChatGPT Prompt Engineering for Developers 课程中，Fulford 在介绍这一原则时给出了一个很好的比喻："如果你给模型一个太复杂的任务，让它在短时间内完成，……它也许会做出一个很可能不正确的猜测。"

她解释说，如果给人类一项复杂的任务，而人类做出回复的时间有限，也会出现同样的情况。我们会依靠有根据的猜测，很可能得出一个不尽如人意的答案。因此，原则 2 提供了一些策略，帮助我们编写能够分解任务的提示词，并鼓励 LLM 评估输出，从而再次最大限度地提高获得理想回复的可能性。

2.4.7　策略 1：明确完成任务的步骤

一旦我们掌握了原则 1（编写清晰、具体的指令词），第一个策略就相对简单了。通过使用分隔符，我们可以将复杂的任务分解成单个步骤，以便 LLM 完成更大的任务。看看这个提示词，我们首先通知 LLM 将接收到一组指令：

 你将收到一系列指令，请遵照执行。

然后，我们清楚地列出每个子任务，指示 LLM 应该做什么：

 1 对于下面由三个#号分隔的文本，请识别可能影响其功能的风险。
2 将这些风险转换为测试准则。
3 将每个测试准则格式化，使用"探索<功能>使用<资源>以发现<信息>"的格式。

最后，我们提供需要处理的数据：

 ###
作为用户
我希望能够计算我的税额
这样我就能够知道我需要缴纳多少税额
###

输入 ChatGPT 时，它返回了以下结果：

 功能风险：

■ **计算准确性**：存在税额计算不准确的风险，导致计算出的税额不正确。
基于已识别风险项的测试准则：

■ **测试准则 1**：通过输入已知税额的不同测试方案，验证税额计算的准确性，并核实计算出的税额与预期值相符。
将测试准则格式化为"探索<功能>使用<资源>以发现<信息>"：

"探索税额计算的准确性，使用已知税额的测试场景，以发现计算税额的准确性。"这是我接收到的输出中的一个片段。更多的风险项和测试标准不全部展示了，这里选择了每部分的首个示例来展示 LLM 如何逐一响应每个子任务，从而生成最终结果。

2.4.8 策略 2:引导模型先找出自己的解决方案

我们最后一个策略的重点不是创建输出的过程,而是评估输出本身。与检查假设类似,要求 LLM 对其输出进行评估,以确认它是否与引导它产生的结果一致。让我们来看一个例子,以便更好地理解如何操作。首先,请看一条提示词,它并不要求 LLM 先找出解决方案,而是为 LLM 设定了需要遵循的指令:

MW 你是一名有 Java 编写经验的软件测试人员。请为以下方法创建一个单元测试:

然后,我们提供需编写单元测试的被测代码:

MW
```java
public class AuthService {

    public HttpStatus deleteToken(Token token) throws SQLException {
        Boolean successfulDeletion = authDB.deleteToken(token);

        if(successfulDeletion){
            return HttpStatus.OK;
        } else {
            return HttpStatus.NOT_FOUND;
        }
    }
}
```

将此信息发送至 ChatGPT,得到以下结果:

```java
import org.junit.jupiter.api.Test;
import static org.junit.jupiter.api.Assertions.*;

class TokenManagerTest {

    @Test
    void deleteToken_SuccessfulDeletion_ReturnsOK() throws SQLException {

        // Arrange
        TokenManager tokenManager = new TokenManager();
        Token token = new Token();

        // Act
        HttpStatus result = tokenManager.deleteToken(token);
        // Assert
        assertEquals(HttpStatus.OK, result);
    }
}
```

　　这看起来像是一段合理的单元测试 Java 代码，但如果将其添加到单元测试套件中，它就会失败，因为它所提供的生成代码中的 `authDB.deleteToken` 方法没有得到正确处理。具体来说，如果我们想让这个单元测试有效，就需要模拟 `authDB.deleteToken` 方法。

　　现在，如果我们再次运行这个提示词，但这次让它在输出最终答案前评估其解决方案，我们会得到不同的结果。因此，我们首先将提示词进行优化，要求 LLM 确认检查后的结果是否有效：

> 🅼🅼　你是一名有 Java 编写经验的软件测试人员。请为以下方法创建一个单元测试。在输出单元测试之前，请检查每个单元测试的断言是否会返回明确的结果。

然后，我们提供需编写单元测试的被测代码：

```
🅼🅼 public class AuthService {

    public HttpStatus deleteToken(Token token) throws SQLException {
        Boolean successfulDeletion = authDB.deleteToken(token);

        if(successfulDeletion){
            return HttpStatus.OK;
        } else {
            return HttpStatus.NOT_FOUND;
        }
    }
}
```

将此信息发送到 ChatGPT 会返回以下结果：

```
import org.junit.jupiter.api.Assertions;
import org.junit.jupiter.api.Test;
import org.mockito.Mockito;

import java.sql.SQLException;

public class TokenDeletionTest {

    @Mock
    private AuthDB authDB;

    @Test
    public void testDeleteToken_SuccessfulDeletion() throws SQLException {
        // Mocking the behavior of authDB.deleteToken() to return true
        Token token = new Token();
        Mockito.when(authDB.deleteToken(token)).thenReturn(true);

        AuthService authService = new AuthService(authDB);
        HttpStatus result = authService.deleteToken(token);
        // Assertion: The method should return HttpStatus.OK
        Assertions.assertEquals(HttpStatus.OK, result);
    }
}
```

这次，我们可以看到，因为我们要求 LLM 在返回结果之前先评估其解决方案，所以输出的单元测试代码中使用 Mockito 来模拟 authDB.deleteToken。因此，如果发现 LLM 输出错误的解决方案，或者它们开始产生幻觉，我们可以添加一条指令，要求它们先评估其解决方案，以尽量减少幻觉的发生。

活动 2.6

创建一个提示词，要求 LLM 给出一个问题的解决方案。观察它的输出，看它得出的解决方案是否正确。然后添加额外指令，让 LLM 评估其解决方案的正确性。会发生什么？解决方案有变化吗？是否有所改进？

2.5　尝试各种 LLM

到目前为止，我们已经宽泛地讨论了 LLM，并在前面的例子中使用了 OpenAI 的 ChatGPT 来演示 LLM 的基本工作原理。然而，ChatGPT 只是我们可以使用的众多 LLM 中的一种。因此，在结束本章之前，让我们先熟悉一下各种 LLM 的不同之处，并了解一些当前流行的模型和社区，这样我们就更容易找到合适的 LLM。

2.5.1　比较各类 LLM

是什么造就了优秀的 LLM？我们如何确定一个模型是否值得使用？这些问题并不容易回答。训练方法和训练数据的复杂性都使 LLM 系统无法进行深入分析，这也是一些研究人员正在努力研究和改进的领域。不过，这并不是说我们不需要了解 LLM 的一些关键特性是如何影响模型表现的。尽管我们并非都是致力于探索 LLM 内在工作原理的 AI 研究人员，但我们现在或将来都将是 LLM 的用户，并希望了解所投入的资源是否能给我们带来价值。因此，为了帮助我们深入理解相关专业术语，并了解不同属性如何影响 LLM 的表现，接下来我们探讨 LLM 领域中的一些关键属性。

参数数量

如果你了解过不同的 LLM，很可能会看到关于它们拥有 1 750 亿或 1 万亿个参数的说法。这种说法有时让人感觉它像是在自我推销，但参数数量并不直接影响 LLM 的表现。参数数量主要是指模型中存在的统计权重的数量。每个权重都是构成 LLM 统计"拼图"的一部分。因此，粗略地说，LLM 的参数越多，表现就越好。参数数量还能让我们了解成本。参数数量越多，运行成本就越高，而这部分成本可能需要用户来买单。

训练数据

LLM 需要大量数据进行训练，因此训练数据量的大小和质量会影响 LLM 的质量。如果我们希望 LLM 能够准确地回复请求，那么仅仅投喂给它尽可能多的数据是不够的。这些数据必须能够以合理的方式影响模型的概率。例如，我们在本章前面探讨的 Reddit 例子中，用于训练 ChatGPT 的子论坛 r/counting 数据导致 ChatGPT 产生了奇怪的幻觉。不过，与参数数量类似，训练 LLM 的高质量数据越多，它的表现就可能越好。难点在于，要知道 LLM 在哪些数据上接受过训练：这是 AI 企业创始人特别希望保密的内容。

可扩展性和集成

与其他任何工具一样，如果 LLM 能够提供核心能力之外的其他功能，例如，集成到现有系统中，或进一步针对我们的特定需求训练模型，那么它的价值就会进一步提高。有哪些功能可用于集成和扩展 LLM，这在很大程度上取决于由谁负责训练。

例如，OpenAI 提供对其模型的付费 API 访问。但是，除了可以通过简单提示词调整输出的指令功能，你无法进一步微调和部署其 GPT 模型供私人使用。相比之下，Meta 的 Llama 模型已经开源，允许用户在 AI 社区下载基座模型并按照自己的要求进一步训练，不过用户必须自行构建基础设施来部署模型。

随着 LLM 平台的发展，我们不仅会看到它回复提示词的能力在进步，还会看到围绕它的功能和访问权限也在进步。因此，在评估使用什么平台时，有必要记得这些功能。

回复的质量

对 LLM 进行选型时，最重要的考虑因素是它所提供的回复是否清晰、有用，并且尽可能没有（或接近没有）幻觉。虽然参数数量和训练数据等标准是衡量 LLM 表现的有用指标，但我们最重要的是要了解自己想用 LLM 来做什么，然后明确不同的 LLM 如何回复我们输入的提示词并帮助我们解决具体的问题。并不是我们面临的所有挑战都需要市场上最大、最昂贵的 LLM 来解决。因此，我们必须花时间尝试不同的模型，比较它们的输出结果，然后做出自己的判断。例如，我们发现 OpenAI 的 GPT 模型在代码推荐方面的表现要优于 Google Gemini。这些细节都是通过实验和分析发现的。

我们所探讨的标准并非详尽无遗，但它们表明，一旦我们超越了 LLM 回复方式的最初魅力，就会发现还有很多需要深入考虑的因素。不同的 LLM 表现上存在差异，这些差异在帮助我们应对各种挑战时具有不同的优势。因此，下面我们来探讨目前比较流行的一些模型和平台。

2.5.2　尝试流行的 LLM

自 OpenAI 发布 ChatGPT 以来，各种组织发布的 LLM 数量激增。这并不是说这些模型和相关工作在 ChatGPT 发布之前就不存在了，但目前公众的关注度确实有所提高，越来越多的营销和发布公告都集中在发布 LLM 产品的公司上。以下是自 2022 年年底以来发布的一些较为流行的 LLM。

紧跟 LLM 的进展

值得注意的是，LLM 及其相关功能的推出是动态的，而且发展速度相当快。因此，从 2024 年年中撰写本书到你阅读本书时，我们要探讨的内容很可能会有所变化。幸运的是，LLM Models 等网站会分享最新的动态供我们查阅，这份清单展示了 LLM 领域的一些值得我们去深入探索的领先企业。

OpenAI

在撰写本书时，OpenAI 是提供 LLM 使用的最具影响力的组织之一。尽管 OpenAI 早在 2020 年就发布了 GPT-3 模型，但直到 2022 年 11 月发布的 ChatGPT 才掀起了人们对 LLM 的兴趣和使用热潮。

OpenAI 提供了一系列不同的 LLM 模型，但其中最突出的是 GPT-3.5-Turbo 和 GPT-4o。这两个模型被用作基座模型，或可为特定目的进一步训练的模型，这些模型可用于一系列产品，如 ChatGPT、GitHub Copilot 和 Microsoft Bing AI 等。

除了模型本身，OpenAI 还提供了一系列功能，例如，直接访问 GPT-3.5-Turbo 和 GPT-4 模型的 API，以及与 ChatGPT 集成的应用程序集合（如果你订阅了他们的高级会员资格）。作为迄今为止最受欢迎的 LLM，ChatGPT 引领了行业趋势，并推动各个组织竞相发布自己的 LLM。虽然我们已经探索了 ChatGPT 的一些提示词使用技巧，但你可以随时访问 ChatGPT 的官方网站进一步体验其功能。

OpenAI 推出的 LLM 模型

虽然我鼓励你使用不同类型的 LLM，但为了保持一致性，我们将在本书中统一使用 ChatGPT-3.5-Turbo。虽然它不一定是目前功能最强大的 LLM，却是最普遍的，而且是免费的。尽管如此，如果你想使用其他 LLM 模型来尝试这些提示词，请随意。但请注意，它们的回答很可能与本书中分享的内容不同。

Gemini

毫不意外，谷歌也在生成式 AI 市场占有一席之地，他们拥有自己的 LLM 模型系列，即 Gemini。目前，在撰写本文时，他们最强大的模型是 Gemini 1.5 Pro，也提供了其他版本的模型，如 Gemini 1.5 Flash 和 Gemini 1.0 Pro。谷歌公司推出的模型的参数数量并不公开，但它们的表现与其他热门的 LLM 模型相当。

与 OpenAI 类似，谷歌也通过谷歌云平台提供了对 Gemini 模型的访问，最近还开始提供与 OpenAI 的 ChatGPT 应用程序类似的应用程序，并将其集成到谷歌 Drive 和 Gmail 等其他谷歌套件工具中。你可以访问 Gemini 的官网对其进行试用。

Llama

Llama 是一个模型集合，由 Meta 于 2023 年 7 月首次发布。Llama 与 OpenAI 的 GPT 模型和谷歌的 Gemini 的不同之处在于，Llama 是开源的。除了开源许可，Llama 还具有不同的参数规模：分别为 80 亿个和 700 亿个参数。这些参数规模和访问权限的结合决定了 Llama 已被 AI 社区采纳为流行的基础模型。不过，这种可访问性存在的问题是，Meta 并不提供训练和运行 Llama 模型的公共平台。因此，数据集和基础设施必须由个人提供才能使用。

Hugging Face

与其他公司不同，Hugging Face 没有提供专有模型，而是推动了一个包含各种不同模型的 AI 社区的发展，其中大部分模型都是开源的。通过访问 Hugging Face 官网，可以查看模型索引页面，涵盖了来自不同企业和研究实验室的成千上万个经过不同训练的模型。Hugging Face 还提供了用于模型训练的数据集、应用程序和文档，让读者可以深入了解模型是如何创建的。所有这些资源的提供旨在支持 AI 社区获取预训练模型、对其进行微调，并针对特定用途对其进行进一步训练，我们将在本书的第 3 部分进一步探讨这一点。

LLM 市场在短时间内迅速发展，无论是在商业领域还是在开源领域。与软件开发的其他领域类似，积极主动地了解新兴的 LLM 对于保持竞争力至关重要。不过，要同时跟上所有新出现的事物也会让人不知所措，而且也不一定可行。因此，我们可以选择在需要使用 LLM 解决特定问题时对其进行探索，而不是试图跟上 AI 界的所有动态。从问题出发，就能帮助我们挑选出最适合我们的工具。

> **活动 2.7**
>
> 从本章中选择一个已讨论过的提示词，或者自行创建一个新的提示词，然后将其输入给不同的 LLM。注意比较每个 LLM 的输出结果，其中哪些模型的对话体验更好？它们是如何处理代码片段的？在你看来，哪些回复最好？

2.6   创建提示词库

提示词的主要优势是一旦创建，就可以重复使用。因此，许多针对不同角色和任务的提示词库应运而生。例如，以下是我最近查阅的一些提示词库：

- 很棒的 ChatGPT 提示词，GitHub。
- 开发人员的 50 个 ChatGPT 提示词，Dev.to。
- ChatGPT Cheat Sheet，Hackr.io。

这份内容并不详尽，其中的示例集也不一定与测试有关，但它们值得一读，以便我们了解其他人是如何创建提示词的，并有机会分辨哪些提示词有效，哪些无效。

尽管公开共享的提示词库非常有用，但我们往往最终会为特定环境制定提示词。因此，我们需要养成将有效的提示词存储到专门的存储库中的习惯，方便自己和团队成员快速使用。至于存储在哪里，取决于提示词的用途和使用对象。如果这些提示词供公众使用，那么共享提示词库或将其添加到现有的提示词库中会非常有价值。如果我们需要在公司开发产品时创建和使用它们，就需要以对待生成代码的同样方式来对待它们，并将它们存储在保密环境中，这样我们就不会违反任何有关知识产权的政策。最后，我们还可以考虑进行版本控制，这样我们就可以在学习更多有关 LLM 的技术及其自身发展的过程中，对提示词进行调整和跟踪。

无论将它们存储在哪里，我们的想法都是创建一个提示词库，以便快速、方便地访问，一旦为特定活动创建了提示词，就可以快速重复使用，这样我们就可以从中获得尽可能多的价值，从而提高我们的工作效率。

活动 2.8

创建一个空间，用于存储未来的提示词，供你和你的团队使用。

使用本书中的提示词

本着存储提示词以供将来使用的原则，并帮助读者尝试本书中的提示词示例，你可以在 GitHub 的 mwinteringham/llm-prompts-for-testing 库上找到每个提示词示例。

这样，当我们学习每一章时，就可以将提示词快速复制并粘贴到你所选择的 LLM 中，节省了手动输入整个提示词的时间。在参考提示词中，你需要添加自己的自定义内容或上下文才能使用它们。为使其清晰明了，示例中提供了关于需要在提示词中添加哪些内容的说明，格式为大写，并放在方括号内。

2.7 使用提示词解决问题

本章所学到的策略和工具为我们提供了一个框架，帮助我们使用 LLM 并为特定测试活动设计特定提示词。但应该注意，虽然这些策略提高了我们获得预期结果的概率，但并非万无一失。例如，当我们要求 LLM 评估其输出时，LLM 并不像传统应用程序那样评估其输出。它只是将预测的结果进一步调整，使其更符合我们的要求。

单个提示词与多个提示词

本章探讨了如何运用一些原则和策略来创建单个提示词，从而尽可能有效地获得 LLM 的预期输出。但是，ChatGPT、Gemini 和 Claude 等工具允许我们与 LLM 进行对话，而对话的历史记录会影响对话中未来回复的输出。这就引出了一个问题：在对话中尝试多个提示词来调整输出是否会更容易？虽然这样做很有效，但我们也面临着这样的风险：对话持续的时间越长，LLM 越可能出现过拟合现象，从而出现幻觉。这就是为什么像 Bing AI 这样的工具限制了对话中能输出的回复数量。然而，更重要的是，更多的提示词并不总是意味着更好的结果。"垃圾进，垃圾出"的原则同样适用于单个或多个提示词。在一次对话中依赖多个提示词会使我们的要求变得不那么清晰和准确，进而增加延迟和幻觉的风险，从而削弱使用 LLM 的价值。总之，无论我们是想通过发送一个提示词来获得我们所需输出，还是发送多个提示词，采用 Isa Fulford 和吴恩达提出的原则和策略都能提高我们使用 LLM 的效率。

因此，我们有必要培养撰写提示词的技能，这不仅有助于高效地解决问题，还可以节省使用 LLM 的时间（例如，避免消耗数小时来反复调整提示词）。这意味着我们需要识别 LLM 可以帮助解决的具体问题，然后利用提示词工程最大限度地提高从 LLM 中提取有价值信息的机会。这就是我们在本书其余部分要探讨的内容：何时以及如何使用 LLM。

随着学习的深入，我们还将了解到提示词有多种形式和规模。本章已经探讨了由人类手动编写的提示词。但是，正如我们将要学到的，像 GitHub Copilot 等工具会在我们编写代码时自动生成提示词。这并不意味着我们不能将这些原则和策略渗透到我们的工作中，但要培养这种能力确实需要时间、意识和实践。

活动 2.9

在继续阅读本书并了解不同测试活动使用的不同提示词类型之前，请利用第 1 章和第 2 章的知识，考虑一下你所做的一项具体测试任务，并尝试构建一个可以帮助你完成工作的提示词。

小结

- LLM 在大量样本数据上进行训练，使用复杂的算法来分析我们的输入并预测输出结果。
- LLM 的预测性质使其具有很强的适应性，但也意味着它们存在一定的风险。
- LLM 有时会产生幻觉，或者输出看起来非常权威且正确，但实际上却是错误的。
- LLM 训练所依据的数据可能包含错误、空白和假设，我们在使用它们时必须牢记这一点。
- 我们必须注意与 LLM 共享的数据，以免造成未经授权的业务或用户信息泄露。
- 提示词工程是一系列原则和策略的集合，用于最大限度地提高 LLM 返回所需输出的机会。
- 我们可以利用 LLM 本质上具有预测性的特性，通过实施提示工程从中获益。
- 使用分隔符可以帮助我们明确提示词中的指令和参数。
- LLM 可以输出各种格式的结果，但它要求我们在提示词中明确说明所需的输出格式。
- 我们可以使用"检查假设"策略来减少 LLM 产生的幻觉。
- 在提示词中提供示例，有助于确保 LLM 以预期格式或上下文提供输出。
- 在提示词中指定具体的子任务，可以帮助 LLM 成功地处理复杂的任务。
- 要求 LLM 对其解决方案进行评估，也可以减少错误，取得最优结果。
- 无论我们使用哪种工具，掌握何时使用 LLM 和精通提示词工程技能都是成功的关键。

第 3 章　人工智能、自动化和测试

本章内容包括

■ 理解测试的价值。

■ 工具如何辅助测试。

■ 如何确定在测试中使用 AI 工具的最佳时机。

在深入探讨大模型（LLM）在测试中的应用之前，让我们先问自己以下问题。

■ 测试的目的和价值是什么？

■ 工具如何帮助我们进行测试？

■ 什么时候适合使用人工智能工具？

提出这些基本问题似乎没有必要。但是，如果你把测试仅仅看作一种确认性的工作，如通过执行测试用例来确认是否满足需求，那么你从后续章节中获得的收获将是有限的。了解测试的价值和目的对于确定如何有效使用工具至关重要。因此，本章将探讨为什么深入理解测试有助于我们利用工具。

也就是说，如果你已经具备了这种深刻的理解，完全可以跳过本章，继续阅读后续章节。对于其他人，让我们回到起点，问问我们为什么需要测试。

3.1　测试的价值

为了帮助我们清楚地理解在软件开发中为什么需要测试，让我们回到一个常见的观点，即测试是一种验证性活动。我们这样说的意思是，测试是为了确认以下条件是否满足。

- 满足了需求文档。
- 系统中的所有关键路径都已覆盖。
- 系统按预期运行。

持这种观点的团队往往过度依赖测试用例/脚本的使用，这些测试用例/脚本包含了供人或机器遵循的明确指令，以确认产品是否达到了预期结果。这种思维方式的问题并不在于它使用了测试脚本，而在于它只使用了测试脚本，而没有使用其他任何手段，从而导致边缘情况被遗漏，更复杂的缺陷或行为未被测试，而且通常对产品的理解也很有限。过度依赖测试脚本会造成许多偏差，但如果我们将其归咎于在测试中使用了 LLM，就会限制我们理解这些工具如何来提供帮助。当 ChatGPT 等工具日渐流行，围绕在测试中使用 LLM 的演示和争论大多集中在一件事上：测试脚本。人们会演示 LLM 如何生成测试脚本，并由人工或自动化测试工具手动执行。

虽然最初这些测试脚本可能会有一些用处，但随着时间的推移，关于使用 LLM 还能做些什么来帮助测试的选项开始逐渐枯竭。从表面上看，这似乎是工具本身的局限性，但真正的问题是，人们对测试的含义和测试辅助方式的认识有限。因此，如果我们要扩大 LLM 在测试中的应用范围，就必须首先加深我们对测试及其工作原理的理解。

3.1.1　不同的测试思维方式

为了帮助我们进行更深入的理解，让我们来探讨一个测试模型，我用它来定义我认为测试的目的以及测试的必要性，如图 3.1 所示。

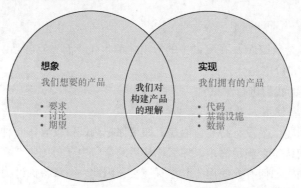

图 3.1　一个有助于描述测试价值和目的的模型

该模型基于詹姆斯 • 林赛（James Lyndsay）在其文章 "Exploration and Strategy" 中创建的模型，它由两个圆圈组成。左圈代表想象，即我们想要的产品；右圈代表实现，即我们拥有的产品。测试的目的是通过开展测试活动，尽可能多地了解每个圆圈中的情况。我们在这两个圈中测试得越多，学到的往往也越多。于是我们可以：

- 发现可能影响质量的潜在问题；
- 重叠这两个信息圈，确保我们理解自己正在构建预期的产品。

为了进一步说明这一原则，让我们来看一个例子，在这个例子中，假设研发团队正在交付一个搜索功能，我们希望确保该功能的交付质量达到较高标准。

想象

想象圈代表了我们对产品的期望，包括明确的和隐含的期望。因此，在这个圈中，我们的测试重点是尽可能多地了解这些显性和隐性期望。通过这种方式，我们不仅能了解书面和口头明确表达的内容，还能深入挖掘细节，消除语言和想法上的歧义。例如，业务代表或用户（如产品负责人）与他们的团队分享了以下需求：搜索结果应按相关性排序。

这里分享的明确信息告诉我们，产品负责人希望搜索结果按相关性排序。但是，通过在测试过程中对需求和实现原理进行提问，我们可以发现很多隐含信息。这可能会以一系列问题的形式出现，例如：

- 结果相关性是什么意思？
- 谁会从结果中受益？
- 共享哪些信息？
- 我们如何根据相关性对结果进行排序？
- 我们应该使用哪些数据？

通过提出这些问题，我们可以从更广阔的角度了解自己想要什么，消除团队思维中的误解和假设，并识别可能影响这些期望的潜在风险。如果我们对要求构建的产品有更多的了解，就更有可能在第一时间构建出符合期望的产品。

实现

通过测试该想象，我们可以更清楚地了解需要构建什么。但是，仅仅知道要构建什么，并不意味着我们最终得到的产品符合我们的期望。这就是为什么我们还要对已实现的产品进行测试，以了解：

- 产品是否符合我们的期望？
- 产品在哪些方面与我们的期望不符？

这两个目标同等重要。我们希望确保构建的是符合预期的产品，但总会存在一些问题，例如非预期行为、安全漏洞、不符合预期以及产品中可能出现的异常表现。以搜索结果为例，我们不仅需要测试该功能是否按照相关性顺序展示结果，还需要询问：

- 如果我使用不同的搜索条件会如何？
- 如果展示的结果与其他搜索工具不一致会如何？
- 如果我进行搜索时部分服务出现故障会如何？
- 如果我在 5 秒内请求 1 000 次结果会如何？
- 如果没有搜索到结果会如何？

通过对超出预期的情况进行探索，我们能够更清楚地了解产品的实际表现，从而发现更多的问题。这可以确保我们不会对产品的表现做出错误的假设，从而发布劣质产品。这也意味着，如果发现了意想不到的执行结果，我们可以选择尝试删除或重新调整我们的预期。

3.1.2 更全面的测试方法

上面描述的想象与实现测试模型表明，测试不仅仅是简单地确认产品是否符合预期，而是给出一种更全面的测试方法。通过对想象和实现这两个区域进行不同的测试，我们可以了解到更多关于需要构建什么和已经构建了什么的信息。我们对这两个区域了解得越多，它们之间的一致性就越高。想象与实现越一致，我们对质量的感知就越准确。

一个对自己的工作了如指掌的团队，对自己产品的质量会有更好的理解。这样，我们就能更好地决定采取哪些措施来提高质量。这使我们能够将注意力集中在特定的风险上，对产品进行优化使其更符合用户的期望，或者决定哪些问题我们需要投入时间去解决，哪些问题我们可以忽略。这就是良好测试的价值所在：帮助团队做出明智的决策，增强他们对开发高质量产品的信心。

为了帮助我们更好地理解这个模型，让我们考虑一个需要测试的示例。在该示例中，我们负责交付一个快餐订购系统。用户登录系统，搜索到想要点餐的餐厅，下订单（订单会发送到餐厅），然后在系统中跟踪订单的完成情况。像这样的产品需要具备高可用性、易用性和安全性。因此，为了交付高质量的产品，我们需要使用不同的测试活动来降低不同类型的风险，如图 3.2 所示。

在该模型中，我们可以看到一系列不同的活动，这些活动被放置在特定的区域，因为它们关注的是其对应类型的风险。例如，在想象方面，我们可能会关注影响网站可用性的风险。因此，我们会采用以用户体验测试和协作设计为重点的测试活动。在实现方面，我们要确保产品的稳定性，尽量减少可能影响产品可用性和可靠性的风险。因此，我们采用了探索性测试和性能测试

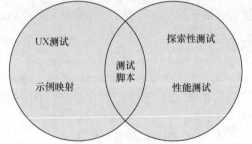

图 3.2 想象/实现模型及活动示例

等活动。最后，请注意我们在重叠的部分添加了测试脚本。这些测试脚本非常有用，因为它们是根据我们的明确预期（想象）制定的，目的是降低产品（实现）随着时间的推移而出现的意外变化所带来的风险。

这些活动中的每一项都有不同的实现方式、面临不同的挑战，而且在这个过程中，不同工具可以发挥不同的辅助作用。但是，如果我们不了解测试本质上是一项信息收集和知识共享的工作，我们就无法轻松识别这些工具的用途。有了这个模型，我们就可以了解到工作中所面临的许多不同风险，以及有助于减轻这些风险的测试活动，从而，我们就可以开始深入研究工具如何在测试中发挥作用了。

3.2　工具如何帮助测试

你可能会听到测试人员说（甚至你自己也可能说过），没有足够的时间来测试所有的特性。这句话会在本书中重复多次。团队总是受到时间、预算、会议、人员配备和其他因素的限制，因此要实施和执行有效的测试，我们必须依靠工具。工具对于测试至关重要，但也给我们带来了另一个测试误区，即我们可能会认为工具或机器可以像人一样进行测试。

3.2.1　自动化偏差

为了了解机器和人类在测试方面的差异，让我们来看一个例子，在这个例子中，机器和人类都被用来测试同一个网站功能。该功能是一个电子商务网站的全宽横幅，页面上包含了一张图片和一些文字，以突出当天优惠。起初，我们通过人工方式进行手动测试，并观察到该功能工作正常：图片已正常渲染，并且与之相关的所有文本都正确无误。然后，我们决定使用工具进行自动化测试。我们通过创建代码模拟人工操作，打开浏览器并断言元素 A（即加载当日优惠的位置）存在。我们最初进行自动化测试时，测试用例通过了。然而，某天在一次功能迭代后所有自动化测试都用过了，终端用户却反馈了一个缺陷，告诉我们他们看不到当日优惠。他们看到的只是页面顶部一个空的白框。

这是发生了什么？在创建自动测试的过程中，我们对信息进行转义（它是基于心智启发和奥义的隐含信息），并让它显性化。我们将对某项复杂功能的理解简化为一条指令：网页上应该存在元素 A。然而，当我们发布的新版本中"当日优惠"的渲染功能出现问题，或者 CSS 加载错误或显示异常时，自动化测试仍然可以通过，这是因为元素 A 仍然存在。然而，对于这个场景，人类只需几秒钟就能发现问题所在。

这个例子的核心思想并不是说工具不好用或没有必要，而是说它们经常被误用或曲解。这种现象是一种自动化偏差，它潜移默化地影响了我们对工具价值的看法，即我们对工具输出的价值赋予了过高的期待，而不是工具向我们传达的信息。也就是说，当我们设计自动化测试来寻找元素 A 时，我们的目标只是为了寻找元素 A。

如果我们受到自动化偏差的影响，就有可能在选择和实现工具时，认为这些工具能够以与人类相同的方式揭示和报告信息，但事实上它们并不能，从而导致对我们交付的产品产生误导性的过度自信，甚至为了让工具模仿人类行为而产生一定程度的工作量，这对于当今的软件项目来说是不可持续的。工具不能取代测试活动，盲目依赖工具最终会导致质量问题和项目风险的增加。因此，我们必须更多地关注工具如何支持我们的测试工作。

3.2.2　有选择地使用工具

工具的成功来自我们对想要解决的问题以及哪些工具可以提供潜在帮助的思考。为了更好地理解这一点，让我们回到"当日优惠"功能，仔细分析人类在测试这类功能时会做些什么。

首先，我们要考虑测试该功能的不同方法。可以利用当前对该功能的理解来制定测试思路，并选择我们需要优先测试的内容。接下来，我们需要进行测试准备。这包括设置环境或创建/更新必要的测试数据（我们需要创建一个"当日优惠"来进行验证，并创建测试用户来管理和查看优惠信息）。一切设置完成后，我们便可以开始执行测试了，我们将启动一个或多个浏览器，来验证优惠在不同环境中的渲染是否正确。一旦观察到结果，我们就会将其记录下来并向团队报告我们的发现，以上步骤都会更新我们对该功能的理解，为我们再次启动该流程做好准备。这个流程可以概括为图 3.3。

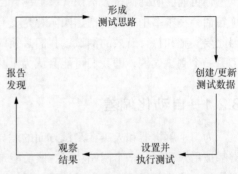

图 3.3　当日优惠功能测试过程的图示

这种循环可能在短时间内完成（例如，在一次探索性测试中），也可能需要较长时间才能完成（如性能测试），其中每个步骤都有许多细节需要考虑。不管是哪种类型的测试活动，想要有效地完成这个循环，我们都需要依赖各种工具。也许我们需要使用数据库客户端、测试数据管理器或基础设施工具来配置和管理测试环境，也许我们将使用笔记工具、截图软件和项目管理工具来报告获取的信息。图 3.4 在图 3.3 的基础上进行了优化，总结了测试流程中工具的使用。

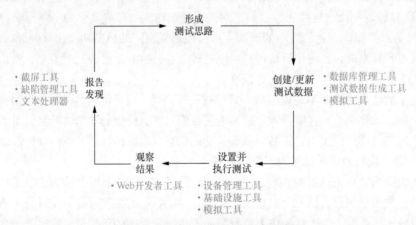

图 3.4　增加了工具的测试过程图示

图 3.4 展示了当今软件测试如何利用一系列工具来完成各项任务，而不是试图使用一种工具来包揽整个测试工作。这是因为在进行测试时，有许多不同的活动在同时发挥作用。与人的观察能力相比，工具对于识别模式、应对变化和解决问题的能力总是有限的。因此，我们可以合理运用多个工具做好一项工作来获取价值，而不是依赖单一工具去完成多项任务。

这种思维的有趣之处在于，当我们花时间去思考时，它对我们来说似乎是显而易见的。我们都会使用一些工具来帮助我们完成不同的任务，这些任务构成了一个更大的活动。然而，我们中的大多数人都是在没有经过深思熟虑的情况下这样做的。尽管我们知道在特定任务中使用工具是明智之举，但我们需要培养自己选择和使用工具的能力。这意味着我们要熟悉各种工具，并更加了解自己每天在测试中需要完成的任务，这样才能选择合适的工具（对于 LLM 而言，就是选择正确的提示词或增强工具）。这正是本书其余部分的重点，帮助我们培养所需的技能，让我们分辨何时使用 LLM 可以帮助我们更好地完成特定任务。

3.3　了解何时在测试中使用 LLM

我们现在明白了在测试中有效使用工具是为了增强测试中的任务，而不是替代整个测试活动。然而，LLM 在这个过程中的作用是什么呢？鉴于 LLM 的广泛应用，让我们来看看目前使用 LLM 的一些常见方式，看看每种方式如何用于支持测试。

3.3.1　生成能力

在广义的人工智能领域，LLM 属于生成式人工智能的范畴；也就是说，LLM 是以生成内容为目的而构建的（这与其他用于预测或分类的人工智能不同）。例如，如果要求 LLM 为我们生成测试用例，它是能够实现的。然而，它所生成的测试用例对我们并不一定有价值。我们必须提醒自己，LLM 生成输出的方式是基于复杂的概率模型的。这意味着它的生成能力与我们人类生成想法的方式不同。

你是否还记得，在第 1 章中，我们在向 LLM 输入提示词时探讨过这一概念。

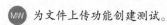 为文件上传功能创建测试。

可能会得到类似下面的回复（为了简洁起见，输出内容已简化）：

1 文件上传功能测试：
- 测试用例 1.1：上传有效文件
  - 输入：选择一个有效格式的文件（如.jpg、.pdf）。
  - 预期结果：文件上传成功，并显示确认信息。
- 测试用例 1.2：尝试上传无效文件
  - 输入：选择格式无效的文件（如.exe、.html）。
  - 预期结果：显示错误消息，说明不支持该文件格式。

2 文件大小限制测试：
- 测试用例 2.1：上传低于大小限制的文件
  - 输入：选择一个小于最大允许大小的文件。
  - 预期结果：文件上传成功，并显示确认信息。

- 测试用例 2.2：尝试上传超过大小限制的文件
  - 输入：选择一个大于最大允许大小的文件。
  - 预期结果：显示错误消息，说明文件超过最大大小限制。

LLM 生成这些测试用例的能力固然令人印象深刻，但对于我们正在测试的功能或产品而言，这些测试用例缺乏上下文和针对性。因此，在使用 LLM 时，我们需要确保引导或启发 LLM 的方式能为它们提供足够的上下文，从而生成有价值的输出。

通过提供足够的上下文，我们能够更容易地为非常具体和有针对性的任务生成输出结果。相反，如果没有足够的上下文，我们将不得不提供大量输入数据，这将导致提示词的构建和维护成本高昂。想象一下，如果希望获得与我们的工作相关的测试策略，我们需要向 LLM 输入多少上下文。

作为替代，如果我们专注于使用 LLM 来帮助完成以下任务，就能从 LLM 中获得更多价值。

- **测试数据生成**：给定明确的数据集规则，LLM 可用于快速生成数据集，以用于从探索性测试到性能测试等一系列测试活动。
- **风险和测试思路建议**：我们应始终避免将 LLM 的输出作为测试内容的唯一依据。我们可以利用它们来拓展测试思路和识别风险，并将这些思路和风险作为新思路的起点，最终将其融入我们现有的工作中。
- **代码片段生成**：与前面的测试用例类似，如果我们要求 LLM 生成完整的自动测试脚本或框架，那么我们从它们那里获得的价值就会很少。然而，使用 LLM 生成局部自动化脚本来支持测试活动（如探索性测试），则会有更大的优势。

3.3.2　转换能力

LLM 的另一个优势在于它能将自然语言从一种结构转换为另一种结构。LLM 转换功能的一个典型案例就是语言翻译。假设我们向 LLM 发送了如下内容：

 将以下以三个#分隔的文本转换成法文：

```
###
Hello, my name is Mark
###
```

它会返回一个回复，例如：

 Bonjour, je m'appelle Mark

这是展示 LLM 数据转换能力的典型示例，但我们不应局限于自然语言。LLM 还能够将所有类型的数据从一种抽象结构转换为另一种抽象结构。下面是一些有助于测试提效的例子。

- **转换测试数据**：使用 LLM 将数据从一种结构快速转换为另一种结构，有助于提升测试效率。例如，我们可以要求 LLM 将纯文本格式的测试数据转换为 SQL 语句，或将 SQL 语句转换为自动化测试工程中可调用的辅助函数。

- 转换代码：LLM 可以将函数、类和其他数据转换成新的代码。这一点的价值在于，LLM 可以将代码转换为不同的语言，并且在翻译后的输出中仍能保持原始代码的逻辑和流程（不过我们仍需要对新生成的代码进行测试，以确保其正确性）。
- 总结记录：虽然数据转换不像将代码片段从一种语言转换为另一种语言那么直接，但我们可以使用 LLM 同时进行转换和总结。此外，我们还可以使用 LLM 从测试活动（如探索性测试或测试设计）中获取原始测试记录，并将其转换为总结记录与他人共享。

3.3.3　增强能力

我们可以使用 LLM 来增强和扩展现有能力，即我们可以向 LLM 提供数据片段，并引导 LLM 对其进行扩展。这与生成能力有一些交叉，因为我们要求 LLM 在一定程度上生成新的输出，但在这种情况下，我们提供了更多的前置上下文，并指示它关注已有信息，而不是促使 LLM 生成全新的内容。我们可以利用这种能力帮助我们完成测试任务，举例如下。

- 代码审查：并非所有从事测试工作的人员都擅长写代码，即使是精通阅读代码的人，有时也很难理解分析或测试所需的代码。LLM 可以通过获取代码片段，并以自然语言来解析代码的工作原理，从而加深我们对代码的理解，这有助于风险分析、测试设计等工作。
- 代码描述：与代码审查类似，我们可以使用 LLM 提高代码的描述性，例如，快速创建易于理解和维护的代码注释。这对于自动化测试来说尤其重要，因为在自动化测试中，清晰表达自动化代码的作用对于后期维护至关重要。
- 扩展分析：我们可以使用 LLM 扩展分析活动，如风险分析和设计测试（即在功能构建之前，我们会就需求提出问题）。通过向 LLM 提供当前的分析数据，我们可以要求 LLM 对其进行审查和扩展，并提出新的想法，以便我们对是否将其纳入分析中做出决策。

3.3.4　测试中使用的 LLM

为了说明 LLM 的这些不同能力，让我们回到工具辅助下的测试图示（见图 3.5）。

在这里我们可以看到，在整个测试生命周期中，如何将 LLM 应用到不同的测试任务中。这又回到了在第 1 章中提到的影响域模型。我们不要试图使用 LLM 来替代测试生命周期中存在的所有活动，而是优先考虑我们作为人类的最佳能力以及我们能为测试带来的价值。然后，我们选择在合适的领域使用 LLM，以辅助我们的工作，这样我们就能走得更快、学得更多，并确保团队掌握更多信息，从而打造出更高质量的产品。

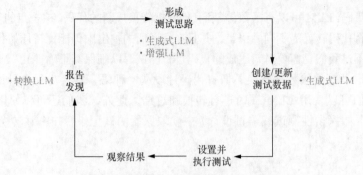

图 3.5   增加了 LLM 工具的测试过程图示

小结

■ 如果我们对测试的理解有限，那么工具的使用也会受到限制。

■ 测试并不是一种确认性的工作，而是一系列不同活动的集合，帮助人们了解产品的想象和实现过程。

■ 想象意味着我们对所要构建的产品的理解。

■ 实现意味着我们了解已经构建了什么。

■ 随着对想象和实现两方面理解的加深，我们会将它们统一起来，从而帮助我们提供更高质量的产品。

■ 我们开展多种不同类型的测试活动，重点关注不同类型的风险及其如何影响想象和实现。

■ 工具是成功测试的重要组成部分。

■ LLM 可用于生成、转换和增强输出。

■ LLM 可应用于局部特定任务，以产生有价值的输出。

■ LLM 可以生成辅助特定任务的内容或创建建议内容。

■ LLM 可以转换数据，帮助将原始数据转换成预期的格式或进行总结。

■ LLM 可以增强现有能力，增加新的建议或扩展细节。

■ 我们可以在许多不同的具体测试任务中应用 LLM，这反映了在第 1 章中学到的影响域模型。

## 第 2 部分

技术：测试中的任务识别和提示词工程

在第 1 部分中，我们已经建立起了人为主导的思维模式，接下来，我们就可以开始构建一系列在测试活动中使用 LLM 的技术了。在这一部分中，我们不仅需要关注如何通过使用提示词工程和 AI 智能体（AI Agent）来增强测试中的特定任务，还需要深入理解如何有效地识别 LLM 可辅助的任务。我们将通过比较一些 LLM 的应用示例，重点关注广泛的通用任务和有针对性的小型任务之间的差异，从而更好地理解为何如此。通过在小型任务中建立明确的目标和预期产出，我们能更好地创建出更有价值的提示词，并利用提示词工程技术对其进行调整和改进。所有这些都可以在 AI 智能体中加以应用，从而创建能够支持特定任务的助理工具。因此，让我们来探讨一下如何将任务识别和提示词工程应用到开发、自动化、分析和探索等各种测试任务中，从而帮助我们提升产品质量和研发效率。

第4章 面向开发人员的AI辅助测试

本章内容包括
- 使用 GitHub Copilot 开发单元测试和生成代码。
- 使用 ChatGPT 开发单元测试和生成代码。

根据 JetBrains 于 2022 年进行的一项关于开发生态系统的调查，81%的受访者表示所在企业的开发人员与质量保证（QA）人员的比例大于 1:1。40%的受访者表示"平均每 10 名开发人员只对接 1 名质量保证人员，甚至更少"，只有 1%的受访者表示"质量保证人员的数量多于开发人员"。

理解和建设质量体系对于向用户交付有价值的产品至关重要，但开发和测试之间的比例总是失衡，而造成这种局面的原因有很多。一些组织的领导者选择通过质量教练来教育开发人员建立质量体系，而另一些领导者则根本不愿意在测试和质量保证的岗位上投入资源。无论如何，想要交付高质量的应用程序，这种局面都会给团队中的每个成员带来压力。那么，AI 工具如何帮助减轻这种压力呢？

本章将重点讨论大模型（LLM）工具（如 GitHub Copilot 和 ChatGPT）如何帮助开发人员在工作中提高质量。我们不会将这些 AI 工具视为开发和测试人员的替代品，而是会了解它们如何引导我们开展活动，在开发过程中提高质量，以及在测试资源有限的情况下，如何使用 AI 工具来识别风险以提高产品质量。

设置 Copilot

本章将介绍一些 GitHub Copilot 的使用示例。在尝试这些示例之前，请先熟悉 Copilot，你可以在附录 B 中找到安装和操作说明。

4.1   自动化开发人员的崛起

2023 年 4 月，市场竞争分析公司 Similarweb 报告称，Stack Overflow 网站上个月的流量下降了 14%。据 Similarweb 的分析，这一变化的原因是开发人员从 Stack Overflow 转向了 GitHub 的 Copilot 和 ChatGPT 等工具。不管这是开发人员工作模式持续转变的迹象，还是最终会达到平衡的异常阶段，这类报告都表明了，基于 LLM 的 AI 工具正在给开发人员的角色带来翻天覆地的变化。

作为一名测试人员，我们可以见证这一有趣的变化。多年来，随着自动化测试工具变得越来越先进，我曾与开发人员讨论过人工测试是否会被自动化测试工具所取代。如今，随着 LLM 工具的出现，通过对来自公共和私有资源库的数十亿行代码进行训练，人们的话题已经转向开发人员的角色是否可以自动化。例如，像 ChatGPT 这样的工具可以输入以下提示词：

(MW) 请帮我写一段 Java 代码，向预订 API 发送 HTTP 请求。

然后，它就会利用其数十亿训练好的权重，返回一段能运行的代码，示例如下：

```java
import java.io.BufferedReader;
import java.io.IOException;
import java.io.InputStreamReader;
import java.net.HttpURLConnection;
import java.net.URL;

public class BookingAPIClient {
    public static void main(String[] args) {
        String apiUrl = "xxxxxxxx"; // Replace
with the actual API endpoint URL

        try {
            URL url = new URL(apiUrl);
            HttpURLConnection connection = (HttpURLConnection)
            ➥ url.openConnection();

            // Set the request method (GET, POST, etc.)
            connection.setRequestMethod("GET");

            // Set request headers if required
            connection.setRequestProperty("Content-Type",
            "application/json");
            connection.setRequestProperty("Authorization",
            "Bearer YOUR_ACCESS_TOKEN");

            // Get the response code
            int responseCode = connection.getResponseCode();
            System.out.println("Response Code: " + responseCode);

            // Read the response
            BufferedReader reader = new BufferedReader(new
```

```
            InputStreamReader(connection.getInputStream()));
            String line;
            StringBuilder response = new StringBuilder();
            while ((line = reader.readLine()) != null) {
                response.append(line);
            }
            reader.close();

            // Print the response
            System.out.println("Response: " + response.toString());

            // Close the connection
            connection.disconnect();

        } catch (IOException e) {
            e.printStackTrace();
        }
    }
}
```

只需一个简短的提示词，我们就能使用 LLM 创建能执行的代码（如果将示例代码中的 apiUrl 更新为真实的 API，就会返回真实的结果）。因此，如果使用一些工具将提示信息结合起来，试图实现开发工作的自动化，也就不足为奇了。AutoGPT 和 MetaGPT 等工具甚至可以作为智能体进行工作，根据初始问题生成自己的提示词，以解决复杂的问题。尽管这些工具还处于起步阶段，但关于开发人员将被自动化取代的夸张说法已经在业界悄然流传。

作为一个长期致力于研究并解释为什么自动化测试不能完全替代人工测试的研究者，看到开发人员也开始为自己的角色辩护时，难免会产生幸灾乐祸的情绪，毕竟，许多开发人员也面临类似的自动化威胁。另外，他们可以从测试人员对自动化测试的评判中汲取具有实际价值的经验。正如测试人员的角色无法完全自动化一样，开发人员的角色也无法完全由自动化工具取代。开发角色不仅仅是编写代码。开发人员构建的解决方案是分析技能、解决问题和设计思维的产物。LLM 工具给人一种具备了这些技能的假象，但事实并非如此。

作为补充，开发人员可以通过使用 LLM 工具来提高自身能力，从而获得成功：他们可以使用 Copilot 等工具快速有效地创建自己想要构建的代码，或者向 ChatGPT 寻求建议来解决问题或理解新的 API。这些原则也可用于提高开发人员在软件开发过程中构建质量的能力。通过结合测试驱动设计（TDD）等技术与 LLM 的强大功能，开发人员可以在提高工作效率的前提下，确保他们的分析和设计技能处于领先地位。为了更好地展示这种共生关系，让我们探讨以下两个示例。

- 使用 Copilot 快速生成 TDD 循环中的单元检查和生成代码。
- 使用 ChatGPT 模拟开发人员，并与其进行协作。

通过这两个示例，你将学会如何设置和使用这些 LLM 工具，并理解如何在 AI 的威力与开发人员的能力之间找到平衡。

实战结果可能有所不同

鉴于 Copilot 依赖于预测算法，而这些算法经常在增量的代码和 API 集合上进行训练，因此值得强调的是，在学习接下来的示例时获得的实战输出可能与示例中记录的不同。请注意，本章的目标并不是 100% 重现示例，而是让你能够自如地使用 LLM 来辅助工作，从而提高产品质量。

4.2　与 LLM 协作

我们已经了解到，LLM 本质上是概率性的，因此，将它们视为不同角色的模拟输出，而不是长期作为特定角色。LLM 对自己是软件测试人员的认知，并不比它对自己是餐馆老板的认知更多。但是，通过提示词工程，我们可以引导 LLM，将其设定为需要模拟的角色，帮助我们创建类似与"小黄鸭"之间的互动。尤其是在测试资源的可用性或能力方面受限时，这对开发工作非常有效。因此，让我们来看几个可以获取专业反馈的提示词示例，以帮助我们提高工作和产品质量。

什么是"小黄鸭"调试法

当我们面对一个当下无解的问题时，把问题说给别人听，有助于找到答案。通过向他人阐述问题，我们有时会发现解决方案就在眼前。然而，并不是每次都有机会与同事交流；因此，有些开发人员会把问题口头告诉类似"小黄鸭"这样的办公环境中的其他物品。虽然我们是与一个没有生命的物体分享我们所面临的挑战，但本质是一样的：用语言表达我们所面临的挑战会让我们的大脑找到解决方案。

4.2.1　分析想法

我们的第一个提示词受到了"测试左移"思维的启发，一些团队采用这种思维方式尽早提高应用程序的质量。测试左移指的是在开发过程中提前进行测试分析，最好是在讨论想法和明确细节的时候。在这个过程中，可以提出许多问题，帮助我们更早地发现问题，提供有价值的改进建议，从而提高产品质量。左移活动是提高软件质量的宝贵方法，无论在开发过程中使用 AI 与否，都应鼓励这种活动。不过，通过在流程中引入 LLM，我们可以利用提示词来生成问题，这些问题可能有助于揭示假设或误解，也可能是我们可以直接忽略的问题。

让我们来看看下面的提示词示例，它可以用来快速生成可能有价值的问题。我们使用分隔符告知 LLM 待分析的数据的所在位置：

ⓂⓌ 你是一名软件测试专家。请分析由三个#号分隔的文本，并生成有助于澄清文本中歧义的问题。

然后，我们将围绕问题输入和结果输出设定一系列规则：

ⓂⓌ ＊ 使用 5W 原则（即"是什么"（What）、"哪里"（Where）、"为什么"（Why）、"何时"（When）、"谁"（Who）和"如何"（How））启发式生成问题；

* 可针对每个质量特性确定多个问题；

* 我们关注的质量特性包括准确性、安全性和可访问性；

* 以"问题–解释"的格式输出问题。

少样本提示词可以帮助我们创建一个示例，说明我们期望的输出结果是怎样的：

 示例：

相关是什么意思？

验收标准中提到相关搜索结果，但没有说明我们如何判断哪些是相关的，哪些是不相关的。

然后，我们在提示词的分隔符之间输入待分析的数据：

 ###

作为经济型酒店的老板，

我希望能够管理用户访问权限，

这样我就可以允许多个用户拥有不同级别的访问权限

功能：

– 数据库配置了管理员用户

– 要求客人创建账户以进行预订

– 管理员可以看到在平台上创建的账户，并可以删除它们

###

该提示词向 LLM 下发了分析用户故事和验收标准的指令，并要求它返回一份问题列表供我们考虑。请注意，我们还在质量特性指令中提供了上下文。如果我们希望关注更多不同的质量特性，也可以更新这些特性。

在 ChatGPT 中输入这一提示词，会返回以下结果：

准确性：

1 使用什么标准来确定用户访问管理的准确性？

解释：文中提到了用户访问管理，但没有说明如何确保向多个用户授予不同级别访问权限的准确性。

2 系统如何确保为用户分配正确的访问级别？

解释：文中提到允许多个用户有不同级别的访问权限，但没有说明保证访问权限准确性的机制。

安全性：

1 谁可以访问配置了管理员用户的数据库？

解释：文中提到使用管理员用户配置数据库，但没有说明谁有权访问该管理员账户以及如何维护其安全性。

2 平台如何保护用户账户信息和数据？

解释：文中提到客人需要创建账户才能进行预订，但没有详细说明为保护用户数据而采取的

安全措施。

3 有哪些安全措施可以防止未经授权的用户访问其他账户?

解释:文中提到管理员可以查看和删除账户,但没有解释如何防止未经授权的用户访问此类
账户管理功能。

可访问性:

1 为不同类型的用户提供什么级别的访问权限?

解释:文中提到了不同级别的用户访问管理,但没有说明这些级别是什么,以及它们如何根
据用户类型而有所不同。

2 如何引导客人创建预订账户?这一过程是否对所有用户都可访问?

解释:文中说明要求客人创建账户,但没有说明这个过程是如何进行的,是否符合可访问性
标准。

3 采取了哪些措施来确保平台对残障用户的可访问性?

解释:文中没有提供关于如何解决残障用户可访问性问题的信息,因此了解为满足他们的需
求而采取的措施至关重要。

4 我们在哪里可以找到有关平台可访问性功能的信息?

解释:文中没有提到平台的可访问性功能,因此了解这些信息的来源将很有帮助。

通过阅读这些答复可以发现,这些问题的质量参差不齐,非常有趣。例如,请看这个问题:

(MW) 如何引导客人创建预订账户?这一过程是否对所有用户都可访问?

解释:文中说明要求客人创建账户,但没有说明这个过程是如何进行的,是否符合可访问性标准。

这是一个很有帮助的问题,它鼓励我们更详细地考虑用户故事中的陈述"需要客人创建一
个账户来进行预订"。我们可以考虑这个问题,并思考如何设计预订流程,使所有类型的用户
都可访问。

然而,其他问题可能就不那么恰当了。例如:

(MW) 使用什么标准来确定用户访问管理的准确性?

解释:文中提到了用户访问管理,但没有说明如何确保向多个用户授予不同级别访问权限的准
确性。

这个问题之所以有问题,是因为它提到了准确性这一质量特性。通常,准确性更侧重
于处理或存储数据的准确性(如银行利率计算)。相反,用"用户访问的准确性"这个短语
来描述围绕用户和他们可以访问的内容所制定的规则,会让人感觉很奇怪。归根结底,我
们应该对每个问题的适用性和可用性进行评估。其中一部分问题可以促使我们构建更符合
用户需求的产品,并帮助我们避免错误,而另一部分问题要么意义不大,要么我们已经考
虑过了。

我们稍后会回到这个提示词,以及如何在功能开发过程中使用它,但首先,让我们来看看

如何重新利用这个提示词来审查我们的代码。

4.2.2　分析代码

正如我们可以通过输入提示词让 LLM 分析书面想法一样，我们也可以让它来审查代码，并帮助我们识别风险。使用这种提示词类似于模拟与你结对的开发人员或测试人员的角色，让他们在你开发的过程中评审你的工作，并提出建议供你参考。让我们来看看可用于此类活动的提示词。我们使用分隔符来标识代码的位置，如果没有给出代码，则进行校验：

> ⓂⓌ 你是一名软件测试专家。分析由三个#号分隔的代码，并识别出可能影响代码的风险。如果没有
> 提供代码，请回复"未发现风险"。

接下来，我们围绕质量特性和输出结构来提供指令：

> ⓂⓌ ＊ 风险必须与以下质量特性相关：性能、安全性和互操作性。
> ＊ 每个质量特性可识别多个风险。
> ＊ 以"风险–质量特性–解释"的格式输出已识别的风险。

通过少样本提示词，我们可以举例说明预期的输出结构：

> ⓂⓌ 示例：
> 溢出–安全性–添加大整数作为参数可能会导致方法触发缓冲区溢出。
> 代码在指定的分隔符内提供：

```
###
public BookingResult createBooking(Booking bookingToCreate) throws
➡ SQLException {
    if(dateCheckValidator.isValid(bookingToCreate.getBookingDates())) {
        if (bookingDB.checkForBookingConflict(bookingToCreate)) {
            return new BookingResult(HttpStatus.CONFLICT);
        } else {
            CreatedBooking createdBooking =
            ➡ bookingDB.create(bookingToCreate);

            if(bookingToCreate.getEmail() != null &&
            ➡ bookingToCreate.getPhone() != null){
                MessageBuilder messageBuilder = new MessageBuilder();
                Message message = messageBuilder.build(bookingToCreate);

                messageRequests.postMessage(message);
            }

            return new BookingResult(createdBooking,
            ➡ HttpStatus.CREATED);
        }
    } else {
        return new BookingResult(HttpStatus.CONFLICT);
```

```
        }
    }
###
```

我向 ChatGPT 输入了包含示例代码和质量特性的提示词后，得到了以下输出结果：

🟢 根据提供的代码片段，让我们分析一下可能影响性能、安全性和互操作性质量特性的潜在风险：

- **性能-嵌套验证**
  - 风险：嵌套验证检查（dateCheckValidator.isValid 和 bookingDB.checkForBookingConflict）可能会导致性能问题，尤其是在处理大量预订时。
  - 解释：如果系统需要处理大量预订，嵌套验证可能会导致执行时间和资源消耗增加。

- **性能-消息发布**
  - 风险：消息发布（messageRequests.postMessage）可能会带来性能瓶颈，影响整个系统的响应速度。
  - 解释：如果消息发布过程涉及网络通信或 I/O 操作，可能会减慢 createBooking 方法的执行速度。

- **安全性-SQL 注入**
  - 风险：因为代码在数据库查询中直接使用了 bookingToCreate 对象，所以容易受到 SQL 注入攻击。
  - 解释：在 bookingToCreate 对象中的恶意输入，可能会操纵 SQL 查询，从而破坏数据库的完整性和安全性。

- **安全性-授权不足**
  - 风险：代码在创建预订前未执行明确的授权检查，可能允许未经授权的用户创建预订。
  - 解释：缺乏适当的授权检查可能会导致未经授权的访问和系统的预订创建功能的滥用。

- **互操作性-平台依赖性**
  - 风险：代码可能依赖于特定平台或库，从而限制了与其他系统或环境的互操作性。
  - 解释：如果 MessageBuilder 或 messageRequests 依赖于特定的平台的功能或外部库，则在不同环境中运行代码时可能会出现问题。

- **互操作性-错误代码**
  - 风险：代码直接返回 HTTP 状态码，这可能与其他系统不兼容，因为这些系统期望不同的错误码格式。
  - 解释：如果外部系统期望使用不同格式的错误码（如 JSON 或 XML），使用 HTTP 状态码可能会影响互操作性。

与上一条提示词（围绕书面需求提出问题）类似，这些不同风险的质量也各不相同。例如，"性能-消息发布"的风险给人的感觉相当抽象，我们可以从它的解释中看出来：

🟢 如果消息发布过程涉及网络通信或 I/O 操作，可能会减慢 createBooking 方法的执行速度。

围绕网络通信或 I/O 操作提出风险的建议感觉比较模糊，因为它可能会涉及一系列的实现方法，其中有些可能与我们的工作有关，而有些则与我们的工作无关。

然而，有些风险则更加具体，而且可能非常有用。例如，"安全性-授权不足"就强调了以下内容：

> 🌀　代码在创建预订前未执行明确的授权检查，可能允许未经授权的用户创建预订。

这种风险更具体，因为它涉及我们的方法中执行的具体操作，以及其中可能存在的重要检查。当然，我们也可以在其他地方执行授权检查，但它提供的信息强调了我们可能需要进一步讨论的明确活动，以提高预订功能的安全性。

> **产生更多思路**
>
> 　　到目前为止，我们已经研究了给 LLM 输入单一提示词，这为我们提供了有参考意义的回复。但是，如果我们希望获得更多问题和风险项应该怎么做呢？我们只需提交额外的提示词，如"提出更多问题"或"识别更多风险"。不过要小心，因为这样做的回复质量会降低。LLM 会尽量满足我们的要求，但也会冒着增加幻觉的风险。因此，随着选项开始枯竭，我们可能会看到更多建议，但它们与最初期望反馈的思路和代码联系较少。

4.2.3　认识到模拟的重要性

在讨论测试时，重点关注的是测试用例的编写和执行。但是，训练有素且经验丰富的测试人员会利用他们的批判性和横向思维能力提出一些问题，有助于以新的方式审视解决方案并揭示潜在问题，从而为测试带来价值。我们看到的提示词可以模拟这一过程。不过，重要的是要记住，LLM 并不具备这些批判性和横向思维能力，它们提出的问题和风险来自我们的提示词。作为替代，当没有机会与测试人员或其他开发人员结对时，这些类型的提示词可以提供一种轻量级的方法，来模拟与测试人员或其他开发人员结对的体验。关键是要培养对 LLM 生成问题的洞察力，以确定哪些问题是有用的。

4.3　利用 AI 辅助提高产品质量

到目前为止，我们已经把提示词作为一种独立的活动进行了研究。现在，让我们把注意力转向我们最近学习的提示词和其他 LLM 辅助工具如何与 TDD 结合使用，以帮助我们提高产品质量。

虽然与其他测试活动相比，TDD 并不是严格意义上的测试活动，但正确实施 TDD 有助于引导开发人员在产品开发过程中构建高质量的代码。概括地说，TDD 的过程是使用单元检查工具首先创建失败检查，然后编写足够的生成代码使检查通过（并修复可能失败的其他检查）。一旦所有检查都通过了，我们就可以重构生成代码了，同时确保所有检查结果都是通过的。如图 4.1 所示，一旦完成，我们就会再次开始下一个循环，直到开发任务完成。

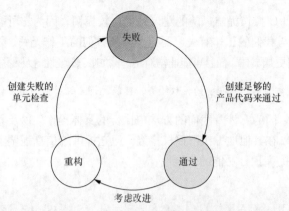

图 4.1　失败−通过−重构 TDD 循环

为什么称为"检查"

在我们的自动化测试培训中，理查德·布拉德肖（Richard Bradshaw）和我对人工主导的测试与工具主导的测试进行了区分。我们将后一种类型称为自动化检查，因为工具只能断言我们编入自动化程序中的明确操作或数据。这种区分有助于我们更好地认识到，单元检查框架等自动化工具在快速检查产品中的微小、特定变化方面非常出色，但却无法告诉我们系统在断言之外的更多信息。虽然测试人员的测试速度相对较慢，准确性也较差，但是，我们在识别和处理并发事件方面的效率要高得多。这就是工具做的是检查，而人类做的是测试的原因。两者没有优劣之分，希望本书能证明，当我们将这两者结合时，能够取得最大的成功。

这种方法要求我们能够设计出高度可测试的产品，同时确保我们交付的产品符合业务和最终用户的需求。

虽然 TDD 方法的好处是多方面的（改进代码设计、提高代码的可测试性，最重要的是提高代码的质量），但一些开发人员发现很难采用 TDD 方法，他们认为这种方法会减慢开发速度，因为每新增一部分生成代码，都需要创建相应的单元检查。然而，借助 Copilot 等工具，我们就能学会如何建立一种平衡，促使我们既能快速创建单元检查，又能提高产品质量。

配置 Copilot

本章假定你已在集成开发环境（IDE）中安装并配置了 Copilot 插件。如果你尚未完成配置过程，可以参考附录 B 中的详细安装说明。

4.4　利用 LLM 创建第一个 TDD 循环

为了演示，让我们体验一下为示例工时表管理器创建部分功能的过程。

- 作为工时表用户，我希望能够跟踪特定项目的工时，以便记录我在各个项目上花费的时间。

- 功能。
  - 以半小时为单位跟踪工时。
  - 要填写工时表，必须输入特定项目和其相关工时。
  - 只有我可以查看自己的跟踪工时。

你可以根据本书"资源与支持"页的指引查看本示例相关的部分测试和生成代码。

4.4.1　准备工作

在开始创建工时表管理器功能之前，我想先考虑一下如何构建它。为了在这一过程中获得帮助，并启发我从不同角度思考解决方案，我使用了本章前面探讨过的第一个提示词，并在其中输入了我的上下文。具体来说，我将质量特性限制为准确性和一致性，并将用户故事添加到提示词底部的分隔部分。

> (MW) 你是一名软件测试专家。分析以三个#号分隔的文本，并生成问题以消除文本中的歧义。
>
> * 使用"是什么""哪里""为什么""何时""谁""如何"，5W 启发式生成问题
>
> * 可为每个质量特性确定多个问题
>
> * 我们关注的质量特性是准确性和一致性
>
> * 以"问题–解释"的格式输出问题
>
> 举例说明：
>
> 相关是什么意思？
>
> 验收标准说的是相关搜索结果，但我们如何确定哪些是相关的，哪些是不相关的？
>
> ###
>
> 作为工时表的用户，我希望能够跟踪特定项目的工时，以便记录我在各个项目上花费的时间
>
> 功能：
>
> – 以半小时为单位跟踪工时
>
> – 要填写工时表，必须输入特定项目及其相关工时
>
> – 只有我可以查看自己的跟踪工时
>
> ###

向 ChatGPT 发送该提示词后，得到的回复如下：

> (⑤) 准确性
>
> - 以半小时为单位跟踪工时的精度要求是多少？–文中提到以半小时为单位跟踪工时。了解这种跟踪所需的精确性非常重要。
> - 系统将如何处理无效的工时输入？–由于必须输入工时才能完成工时表，有什么措施可以确保只接受有效的工时输入？
> - 有哪些验证机制可防止用户输入错误的工时数据？–为保证准确性，必须了解系统将如何验

证和处理潜在的数据输入错误。

- 系统将如何处理不同地点用户的时区差异？-这一点非常重要，可确保不同时区的用户所跟踪的工时一致且准确。

一致性

- 跟踪工时的历史记录将在哪里存储和访问？-为确保一致性，了解数据的存储位置和用户访问方式非常重要。
- 工时信息展示的格式化规则是什么？-整个系统不同模块展示工时的格式一致对于实现良好的用户体验至关重要。
- 谁负责核实和维护工时数据的一致性？-必须指定专人负责数据的完整性和一致性，以避免出现差异。
- 何时以及多久同步或更新一次工时表数据？-确保实时更新或定时同步的数据一致性对于避免用户数据之间的差异至关重要。
- 如果多个用户试图同时更新同一项目的工时表，系统将如何处理潜在的冲突？-当有多个用户参与时，保持数据更新的一致性对于防止数据丢失或不准确至关重要。
- 有哪些安全措施可以确保数据的安全性和完整性？-一致性还包括防止未经授权访问或数据篡改。

什么是质量特性

不同的人需要关注质量的不同特性，它是一个多层面的概念，因此，在试图理解质量对利益相关者或最终用户的意义时，我们会将质量分成不同的特性来思考。例如，质量特性可能包括外观和用户体验、可用性、合规性等。对于不同的项目，我们需要重点关注不同的质量特性，而作为测试团队，我们要做的就是确定哪些质量特性对我们和用户来说是需要优先考虑的。

从这里，我阅读了 LLM 反馈给我的每一个问题，并记下了那些我没有考虑到的问题。下面，让我们逐一分析这些问题，并探讨我在每个问题背后的思考。

(MW) *系统将如何处理无效的工时输入？或者有哪些验证机制可防止用户输入错误的工时数据？*

这两个问题感觉非常相似，但它们都强调了我需要在代码中添加日期时间处理功能，以防止出现无效输入的问题。

(MW) *系统将如何处理不同地点用户的时区差异？*

这是一个很好的问题，但与这项工作无关，因为我计划只跟踪执行时间的多少，而不跟踪它何时执行（至少目前是这样）。

(MW) *工时信息展示的格式化规则是什么？*

与上一个问题有关，我选择的是简单地跟踪已过去的工时，而不是具体的时间，这意味着信息的展示相对简单。

MW 如果多个用户试图同时更新同一项目的工时表，系统将如何处理潜在的冲突？

目前还不支持多用户功能，不过以后可能会引入，所以我记下了这个问题，在以后的迭代中将考虑。

我还可以提出和解决更多的问题，但这一过程表明，通过提出不同的问题，需要思考该功能设计的各个方面。有些问题我可以选择排除，或者留待以后讨论，而有些问题则可以提高我对输入校验和日期时间格式等方面的认识，从而帮助我提高功能的质量。

4.4.2 循环 1：保存工期表条目

带着前面提示词的问题，我开始了第一个循环，在集成开发环境中创建一个空的 maven 项目，然后前往 `pom.xml` 添加所需的依赖项。我需要 JUnit 5 来构建单元检查，因此输入了注释：

MW `<!--    Junit jupiter engine-->`

Copilot 返回以下代码块：

```
<dependencies>
    <dependency>
            <groupId>org.junit.jupiter</groupId>
            <artifactId>junit-jupiter-engine</artifactId>
            <version>5.8.2</version>
            <scope>test</scope>
    </dependency>
</dependencies>
```

在撰写本书时，`junit-jupiter-engine` 的建议版本是一个较旧的版本，因此我更新到了 `5.9.2`：

MW
```
<dependencies>
    <dependency>
            <groupId>org.junit.jupiter</groupId>
            <artifactId>junit-jupiter-engine</artifactId>
            <version>5.9.2</version>
            <scope>test</scope>
    </dependency>
</dependencies>
```

这一必要的更新就是一个很好的例子，说明了数据来源会如何影响所生成的内容。Copilot 不断使用推送到 GitHub 的代码进行训练，因此返回的内容有可能落后于代码库和 API 的最新版本。因此，在通过 AI 代码助手添加依赖关系时，我们需要保持警惕，确保它们推荐的是我们想要的版本。

此外，这里演示的是 Copilot IDE 插件如何接收我编写的代码（或者在本例中是代码注释），将其添加到提示词中，然后发送给 Copilot 的 LLM 进行处理。随后，LLM 会向 IDE 插件返回下一步输入内容的建议，然后插件会向我展示该建议。现在我可以选择按 Tab 键接受建议，或者继续编写自己的代码。

与其他 LLM 相似，Copilot 也是由提示词引导的。但与基于聊天的 LLM（如 ChatGPT）不同的是，Copilot 被微调为处理基于代码的提示词，而不是基于文本的提示词。这一区别非常重要，因为它既强调了针对不同活动使用不同类型的微调 LLM 的好处，也强调了编写适用于不同提示类型的提示词的必要性。这就是为什么 TDD 和 AI 助手是一个有趣的组合。我们创建的单元检查不仅可以为我们的工作提供框架，还可以作为提示词，告知我们如何实现相应功能。

例如，在第一次单元检查中，在 src/test/java 中名为 TimesheetTest 的新类中添加了以下注释，以此引导 Copilot 为我创建第一个单元检查：

> MW //验证在提交包含项目名称和工时的工时表时，系统应返回成功（true）

这将触发 Copilot 建议以下单元检查：

```
@Test
public void testSubmitTimesheetWithProjectNameAndHours() {
    Timesheet timesheet = new Timesheet();
    boolean result = timesheet.submitTimesheet("Project 1", 8);
    assertEquals(true, result);
}
```

查看这个建议的单元检查可发现，它包含了我们所需的必要细节。它给我打算创建的类起了一个合理的名字 Timesheet，并建议使用正确的项目名称和工时参数来调用 submitTimesheet 方法。这个单元检查作为提示词是足够的，当我在 src/main/java 中创建一个新的类 Timesheet 时，Copilot 会建议：

```
public boolean submitTimesheet(String projectName, int duration) {
    return true;
}
```

该单元检查又可以作为 Copilot 创建生成代码的提示词，虽然生成的代码并不令人兴奋，但单元检查已经完成。我们还可以看到，Copilot 通过在提示词中添加注释来帮助我们达到目的。首先，以代码注释的形式创建了一个提示词，引导 Copilot 为单元检查建议代码，然后将此单元检查作为创建生成代码的提示词。随着单元检查的增加，引导 Copilot 构建的内容也会随之增加。现在，看看我是如何通过这个过程来构建 submitTimesheet 方法的。

4.4.3　循环 2：检索工时表条目

通过第一个循环，我创建了项目的架构，但目前实际生成的生成代码效果甚微。因此，在第二个循环中，我希望为 Timesheet 类添加更多功能，以帮助丰富 submitTimesheet 方法。同样，首先在 TimesheetTest 中添加一个新的注释提示词：

(MW) *//验证在添加工时表后，系统能够将其作为列表成功检索*

在创建新代码时，Copilot 返回了以下单元检查作为建议：

```
@Test
public void testAddTimesheetsToList() {
    Timesheet timesheet = new Timesheet();
    timesheet.submitTimesheet("Project 1", 8);
    timesheet.submitTimesheet("Project 2", 8);
    timesheet.submitTimesheet("Project 3", 8);
    assertEquals(3, timesheet.getTimesheets().size());
}
```

这次，生成的检查将使用 submitTimesheet 方法创建一些数据，然后我可以使用新创建的 getTimesheets 方法进行验证。因此，前往 Timesheet 类，我使用 Copilot 生成必要的 getTimesheets 方法，它返回以下内容：

```
public Collection<Timesheet> getTimesheets() {
    return null;
}
```

虽然它为我创建了方法签名，这对我很有帮助，但方法的内部实现却不那么有用。不过，我在类的顶部添加了以下内容：

(MW) `private HashMap<String, Integer> timesheets = new HashMap<>();`

然后回到 submitTimesheet 方法，从方法内部删除 return true。当我在语句中输入 if 关键字时，Copilot 返回以下内容：

```
public boolean submitTimesheet(String projectName, int duration) {
    if (projectName != null && duration > 0) {
        timesheets.put(projectName, duration);
        return true;
    } else {
        return false;
    }
}
```

这是一个有用的演示，说明在与 Copilot 一起工作时，在 LLM 返回更准确的建议之前，项目需要一定程度的预热。通过回到 submitTimesheet 方法，删除其内容，然后等待 Copilot 响应，我从 Copilot 获得了基于我提供的新细节的更新响应。正如对话式 LLM 的提示词需要清晰明确的详细信息一样，Copilot 也是如此。Copilot 最初返回的 Timesheet 方法比较宽泛，可能是因为没有足够的上下文可供其使用。从本质上讲，发送给 Copilot 的提示词缺乏信息。但是，当我创建新的单元检查和附加代码来明确我们对代码的意图时，这些建议就变得更加有用了。

当我完全删除 `getTimesheets` 方法时，这一点也得到了证明。在类中添加了新的 `HashMap` 后，我更新的代码会引导 Copilot 返回该方法的优化版本：

```
public Collection<Integer> getTimesheets() {
        return timesheets.values();
    }
```

在此循环之后再次运行这两个单元检查，可以看到这两个检查都通过了，现在的代码比开始循环时的代码功能更丰富一些。

4.4.4　循环 3：计算项目工时

在最后一个循环中，我回到了 ChatGPT 返回的问题，并思考了这个问题：

如果多个用户试图同时更新同一项目的工时表，系统将如何处理潜在的冲突？

虽然目前项目中还没有多用户功能，但 ChatGPT 建议的问题确实让我想到了如何处理向同一项目提交多份工时表的问题。因此，我创建了第三个单元检查来处理这种情况，再次创建代码注释来引导 Copilot 写另一个单元检查：

// 测试可以从一个项目的工时表中计算出总工作时间

返回以下单元检查：

```
@Test
public void testCalculateTotalHoursWorked() {
    Timesheet timesheet = new Timesheet();
    timesheet.submitTimesheet("Project 1", 8);
    timesheet.submitTimesheet("Project 1", 8);
    timesheet.submitTimesheet("Project 1", 8);
    assertEquals(24, timesheet.getTimesheets().stream()
.mapToInt(Integer::intValue)
.sum());
    }
```

这一次，建议的单元检查很接近我们的要求，但我希望 `Timesheet` 类能返回总数，而不是在单元检查本身中计算总数。因此，我选择更新此单元检查，明确说明有一种方法可以获取工时表的总小时数：

```
@Test
public void testCalculateTotalHoursWorked() {
    Timesheet timesheet = new Timesheet();
    timesheet.submitTimesheet("Project 1", 8);
    timesheet.submitTimesheet("Project 1", 8);
    timesheet.submitTimesheet("Project 1", 8);

    int total = timesheet.getTotalTimesheetHours("Project 1");
```

```
    assertEquals(24, total);
}
```

回到 Timesheet 等待 Copilot 的建议，LLM 返回以下代码：

```
public int getTotalTimesheetHours(String projectName) {
    return timesheets.get(projectName);
}
```

这样代码就可以编译了，但我的新单元检查却失败了，因为项目计数功能没有更新。相反，由于我使用的是 HashMap，计数被覆盖了。我需要更新 submitTimesheet 以处理重复项目，为此，我在初始 if 语句后的 submitTimesheet 中添加了以下注释：

// 检查项目是否已经存在

插入代码注释后，会返回以下建议代码：

```
if (timesheets.containsKey(projectName)) {
    // If it does, add the new duration to the existing total
    duration += timesheets.get(projectName);
}
```

这扩展了 submitTimesheet 函数，使其能够增加工时表中现有项目的持续时间：

```
public boolean submitTimesheet(String projectName, int duration) {
    if (projectName != null && duration > 0) {
        // Check to see if project already exists
        if (timesheets.containsKey(projectName)) {
            // If it does, add the new duration to the existing total
            duration += timesheets.get(projectName);
        }
        timesheets.put(projectName, duration);
        return true;
    } else {
        return false;
    }
}
```

最后一次运行三个单元检查，确认它们都通过了，而且 Timesheet 类也已经具备了我想要的所有功能。然而，代码开始变得越来越复杂，因此我将注意力转向使用 ChatGPT 重构代码。

4.4.5　重构代码

与他人结对的一个好处是，结对伙伴能够看到我们可能看不到的潜在问题和风险。但是，在没有结对伙伴的情况下，我选择使用本章前面探讨过的第二种提示词，既可以分析代码又可以返回建议内容。根据此提示词，附加我的代码以及质量特性涉及的准确性和一致性，我向 ChatGPT 发送了以下提示词。我稍微更新了一下说明，以明确我提供的是 Java 代码：

(MW) 你是一名软件测试专家。分析由三个#号分隔的 Java 代码，并找出可能影响代码的风险。如果没有提供代码，请回复"找不到风险"。

我根据质量特性更新了附加指令：

(MW) * 风险必须与以下质量特性相关：准确性和一致性
* 每个质量特性可识别多个风险
* 以"风险–质量特性–解释"的格式输出已识别的风险

我们提供了一个示例来演示回复的格式：

(MW) 示例：
溢出–安全性–添加大整数作为参数可能会导致方法触发缓冲区溢出。

我在前面的循环中创建的代码添加到了分隔部分：

(MW)
```
###
public class Timesheet {

    private HashMap<String, Integer> timesheets = new HashMap<>();

    public boolean submitTimesheet(String projectName, int duration) {
        if (projectName != null && duration > 0) {
            // Check to see if project already exists
            if (timesheets.containsKey(projectName)) {
                // If it does, add the new duration to the
                // existing total
                duration += timesheets.get(projectName);
            }
            timesheets.put(projectName, duration);
            return true;
        } else {
            return false;
        }
    }

    public Collection<Integer> getTimesheets() {
        return timesheets.values();
    }

    public int getTotalTimesheetHours(String projectName) {
        return timesheets.get(projectName);
    }
}
###
```

发送该提示词后，返回了我可能需要考虑的以下风险：

(⑤) 风险 1–准确性–submitTimesheet 方法可能会覆盖现有时段：

如果项目已存在于工时表中，submitTimesheet 方法允许将新时段添加到现有项目的总时段中。但是，这种方法不一定能确保准确性。如果用户打算提交更正或更新特定项目的时段，该方法将无法返回准确的结果。它只是将新的时段添加到现有的时段中，而没有考虑编辑或删除以前条目的可能性。

风险 2-一致性-工时表 HashMap 中的空键：

工时表 HashMap 允许空键。这可能会导致按项目名称查询工时表信息时出现不一致问题。如果错误地将名称为空的项目添加到工时表中，可能会在后续操作中产生问题，导致意想不到的结果。

风险 3-一致性-缺乏对项目名称的验证：

submitTimesheet 方法在将项目名称添加到工时表 HashMap 之前不会对其进行验证。缺乏验证可能会导致数据不一致，如项目名称重复或格式不当。例如，如果添加了同一项目名称的两个不同变体（如 "ProjectA" 和 "projecta"），系统可能会将它们视为不同的项目，从而导致报告或查询不一致。

风险 4-准确性-getTotalTimesheetHours 方法可能产生 NullPointerException：

getTotalTimesheetHours 方法直接调用 timesheets.get(projectName)，如果给定的 projectName 不存在于工时表 HashMap 中，则可能引发 NullPointerException。如果在调用该方法之前未检查项目名称是否存在于工时表中，则可能导致不准确的结果。

风险 5-准确性-getTotalTimesheetHours 方法的返回类型：

getTotalTimesheetHours 方法返回的是 int 数据类型，如果项目的实际总工时超出了 int 的取值范围，则可能导致准确性问题。如果项目的时段总和超过 Integer.MAX_VALUE，这可能会因溢出而导致数据丢失。

风险 6-一致性-在多线程环境中缺乏同步：

如果在多线程环境中使用该 Timesheet 类，因为该类的方法没有同步，所以可能存在行为不一致的风险。如果多个线程同时访问和修改工时表 HashMap，这可能会导致数据损坏或计算错误。

与之前有问题的建议不同的是，这个回答似乎指出了我代码中的具体问题，并给出了可能出错的原因。对于这个回复，我有以下后续操作选项。

(1) 逐个审查每个风险，然后减轻我认为重要的风险，忽略其他风险。

(2) 完全忽略建议的风险，或者向 ChatGPT 发送另一个提示词，看看是否存在更多风险。

(3) 将 ChatGPT 的回复本身作为提示词，帮助我重构代码。

在本演示中，我选择了第三个选项，并向 ChatGPT 发送了一个额外的提示词：

> （MW）重构代码以降低建议的风险。在输出解决方案之前，请检查每个风险是否都已降低。

请注意，我是如何利用"思考时间"原则，让 LLM 检查它所建议的重构代码是否真的降低了每项风险。这有助于提高返回代码的可用性。向 ChatGPT 发送该提示词后，返回的代码如下：

```
import java.util.Collection;
import java.util.concurrent.ConcurrentHashMap;

public class Timesheet {

    private ConcurrentHashMap<String, Long> timesheets =
    new ConcurrentHashMap<>();              ◁—— 将 HashMap 更改为 ConcurrentHashMap
    public boolean submitTimesheet(String projectName, long duration) {
        if (projectName != null && duration > 0) {
            // Perform validation on project name by converting it to
            // lowercase
            projectName = projectName.toLowerCase();    ◁—— 添加额外代码以将项
                                                             目名称改为小写
            // Check to see if project already exists
            timesheets.put(projectName, timesheets
            .getOrDefault(projectName, 0L) + duration);
            return true;
        } else {
            return false;
        }
    }

    public Collection<Long> getTimesheets() {    ◁—— 将 int 数据类
        return timesheets.values();                    型转换为 long
    }

    public long getTotalTimesheetHours(String projectName) {
        return timesheets.getOrDefault(projectName.toLowerCase(), 0L);
    }
}
```

为了检查这些修改是否有效，我将建议的代码复制到 Timesheet 类中，修改了 testCalculateTotalHoursWorked 方法，在 TimesheetTest 类中 timesheets 使用 long 而不是 int，发现我的单元检查仍然通过，我已重构了代码。

然而，这是否改进了我的代码呢？为了确认，我再次使用更新后的代码来运行原始代码分析提示词，结果发现了新的风险：

风险-准确性-大小写敏感性问题：

解释：submitTimesheet 方法将 projectName 转换为小写，然后将其用作工时表映射中的键。如果存在名称相同但字母大小写不同的项目（例如，"ProjectA" 和 "projecta" 将被视为同一项目），这种转换可能导致数据检索不准确。

风险-一致性-不一致的数据输入：

解释：submitTimesheet 方法不强制校验 projectName 值的格式是否一致。如果不同用户以不同格式输入项目名称（如 "ProjectA" "project-A" "project_A"），则可能导致在工时表映射中出现多个本应是同一项目的条目。

风险-准确性-时段验证缺失：

解释：虽然 submitTimesheet 方法会检查时段是否为正数，但它不会处理时段为 0 或负数的情况。这可能导致在工时表映射中记录不正确的数据。

风险-一致性-缺乏输入数据清洗：

解释：submitTimesheet 方法未对 projectName 输入数据进行清洗，这可能会因无效字符或意外输入而导致数据不一致。

风险-准确性-潜在数据丢失：

解释：submitTimesheet 方法返回一个布尔值，但如果提交失败，则不提供任何反馈或错误处理机制。如果提交无声无息地失败了，而用户又没有意识到这个问题，这种缺乏反馈的情况可能会导致数据丢失。

这个回复中值得注意的是，我可以确认一些风险已经得到缓解，例如：

风险 5-准确性-getTotalTimesheetHours 方法的返回类型：
getTotalTimesheetHours 方法返回的是 int 数据类型，如果项目的实际总工时超过了 int 所能容纳的最大值，则可能导致准确性问题。如果项目的时段总和超过 Integer.MAX_VALUE，这可能会因溢出而导致数据丢失。

不过，似乎仍有一些风险没有得到缓解。例如，在第一个风险列表中，我收到了以下风险：

风险 3-一致性-缺乏对项目名称的验证：
submitTimesheet 方法在将项目名称添加到工时表 HashMap 之前不会对其进行验证。缺乏验证可能会导致数据不一致，如项目名称重复或格式不当。例如，如果添加了同一项目名称的两个不同变体（如 "ProjectA" 和 "projecta"），系统可能会将它们视为不同的项目，从而导致报告或查询不一致。

ChatGPT 采用 lowerCase 方法处理了这一问题，以帮助对项目名称进行清洗。然而，在第二次分析时，我得到了如下结果：

风险-一致性-不一致的数据输入：
解释：submitTimesheet 方法不强制执行 projectName 值的一致数据输入。如果不同用户以不同格式输入项目名称（如 "ProjectA" "project-A" "project_A"），则可能导致在工时表映射中出现多个本应是同一项目的条目。

这种风险与原来的、据称已降低的风险非常相似。在重构我的代码时，本应妥善处理与不一致的数据录入有关的额外风险。我可以再次请 LLM 帮我重构代码，但考虑到可能会和 LLM 兜圈子，我还是应该自己解决问题。这是一项需要培养的重要技能：知道什么时候该依赖 LLM，什么时候该自己负责。

通过分析第二轮中提出的其他风险的例子，可以说明这种选择重要的原因。

风险-准确性-时段验证缺失：

解释：虽然 submitTimesheet 方法会检查时段是否为正数，但它不会处理时段为 0 或负数的情况。这可能导致在工时表映射中记录不正确的数据。

这听起来像是一个令人信服的风险，但这只是展示了一个幻觉。在目前的代码中，如果工时小于或等于 0，该方法就会返回 false 并退出工时表存储：

```
if (projectName != null && duration > 0)
```

LLM 有时会偏向于优先给出答案，而不管答案的质量如何，这意味着我们要求 LLM 分析代码的次数越多，它就越有可能产生幻觉，给人一种它正在生成有用结果的错觉，而不是返回一个无法共享有用信息的回复。这就是为什么我们必须谨慎把握使用 LLM 的时机。

此时，我选择停止这个用例，因为我们所涉及的内容展示了不同类型的 LLM 能以不同的方式帮助我。Copilot 提供了快速生成代码的能力，但它需要基于代码的提示词来帮助它提出建议。这意味着，如果我们正在开发一个新项目，可供 LLM 分析的生成代码很少，那么 Copilot 得出的结果很可能对我们毫无用处。因此，为了提高 Copilot 输出的质量，我们使用单元检查为其提供更多的上下文。这不仅有助于指导 Copilot 构建我们的代码，还为我们提供了 TDD 的好处，包括设计良好、可测试的代码。

通过 ChatGPT，我们已经证明，如果提示词明确，它可以成为一个有用的分析工具。构建能够分析想法和代码并提出风险和改进建议的提示词，可以迅速为我们提供可供选择的考虑视角，然后我们可以根据这些视角采取行动或予以拒绝。利用 LLM 模拟质量倡导者的角色，可以帮助我们改进工作。

4.5 使用 LLM 改进文档和沟通

也许看起来并不明显，但通过代码注释和发布说明来交流我们所做的工作，对提高产品质量大有裨益。通过分享代码库的新增和变更，可以帮助其他开发人员了解我们的工作对他们的影响，指导测试人员在进行测试时应关注哪些方面，甚至对用户如何看待我们的产品都有帮助（例如，Slack 的早期发布说明以其清晰的沟通和幽默的风格，成功地促进了其工具的推广）。

尽管具备这些优点，但文档和发布说明有时会在开发周期结束时被搁置或完全被忽略。考虑到编写和维护有用且相关的代码注释和发布说明需要花费大量时间，尤其是在新功能需要不断发布的时间压力下，这种情况是合理的。然而，通过使用 LLM，我们可以减少文档生成的时间开销，同时确保生成有用的文档，为未来的阅读者创造价值。因此，让我们来看一些有用的提示词，它们可以为我们快速生成文档。

4.5.1 生成代码注释

尽管我们应该始终努力以流畅和易于阅读的方式创建代码，但无论我们是否有代码基础，代码注释都可以提供额外的细节，从而防止代码误用并加快开发速度。如果我们发布的应用程序接口需要被他人使用，这一点就尤为重要（我曾浪费大量时间，试图从信息不全的 API 文档中了解一个库是如何工作的）。我们面临的挑战是如何在代码注释中取得适当的平衡：注释太少，阅读代码的人就得自行摸索；注释太多，我们在维护代码和注释以确保它们保持一致的过程中就会增加工作量。

因此，让我们来看一个提示词，它可以帮我们完成给代码添加注释的过程。我使用了"检查解决方案"策略，以确保代码不会被修改：

(MW) 你是一名 Java 开发人员。更新以三个#号分隔的代码，添加代码注释以解释代码如何工作。在输出完成的代码注释之前，检查代码的任何部分都没有被修改。

接下来，我使用分隔符策略来列出要注释的代码：

(MW)
```
###
import java.util.*;
import java.util.concurrent.ConcurrentHashMap;

public class Timesheet {

    private ConcurrentHashMap<String, Long> timesheets = new
    ➡ ConcurrentHashMap<>();

    public boolean submitTimesheet(String projectName, long duration) {
        if (projectName != null && duration > 0) {
            projectName = projectName.toLowerCase();
            timesheets.put(projectName,
            ➡ timesheets.getOrDefault(projectName, 0L) + duration);
            return true;
        } else {
             return false;
        }
    }

    public Collection<Long> getTimesheets() {
        return timesheets.values();
    }

    public long getTotalTimesheetHours(String projectName) {
        return timesheets.getOrDefault(projectName.toLowerCase(), 0L);
    }

}
###
```

　　在该提示词中，使用常用的分隔符策略来提供我们希望注释的代码，但我们也希望确保 LLM 不会更改代码，使其与它创建的注释保持一致。因此，我们还在提示词中明确指出，在输出已完成注释的代码之前，要检查代码的任何部分是否已被更改。将该提示词与之前的示例代码一起发送到 ChatGPT，会返回以下注释代码：

```java
import java.util.*;
import java.util.concurrent.ConcurrentHashMap;

public class Timesheet {

    // ConcurrentHashMap to store project timesheets where the key is
    // the project name (in lowercase) and the value is the total duration.
    private ConcurrentHashMap<String, Long> timesheets = new
    ConcurrentHashMap<>();

    // Method to submit a timesheet entry for a project.
    public boolean submitTimesheet(String projectName, long duration) {
        if (projectName != null && duration > 0) {
            // Normalize the project name to lowercase to ensure case
            // insensitive matching.
            projectName = projectName.toLowerCase();

            // Update the timesheet entry for the project by adding
            // the submitted duration.
            timesheets.put(projectName,
            timesheets.getOrDefault(projectName, 0L) + duration);
            return true; // Submission successful
        } else {
            return false; // Invalid input, submission failed
        }
    }

    // Method to retrieve all timesheet durations.
    public Collection<Long> getTimesheets() {
        return timesheets.values();
    }

    // Method to get the total hours for a specific project.
    public long getTotalTimesheetHours(String projectName) {
        // Retrieve the total duration for the specified project
        // (case-insensitive) or return 0 if not found.
        return timesheets.getOrDefault(projectName.toLowerCase(), 0L);
    }
}
```

　　正如我们所看到的，这些方法和所有代码现在都有了注释，且提供了更多细节。最突出的是以下这段注释：

```java
// ConcurrentHashMap to store project timesheets where the key is the
// project name (in lowercase) and the value is the total duration.
private ConcurrentHashMap<String, Long> timesheets = new
ConcurrentHashMap<>();
```

该注释不仅解释了 ConcurrentHashMap 的用途，还强调了所有项目名称都将以小写存储，并解释了 submitTimesheet 中的部分代码，相比之下，下面这段注释显得有些多余：

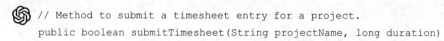

```
// Method to submit a timesheet entry for a project.
public boolean submitTimesheet(String projectName, long duration)
```

再一次，我们需要人工来选择采用什么。虽然使用的提示词提供了注释，但发现不同注释的重要程度不同。因此，我们的角色从注释的作者变成了编辑，可以选择和调整看起来最有用的注释。

使用提示词维护代码注释

这个过程之所以如此有用，是因为当我们不可避免地修改代码，需要更新注释时，我们只需使用更新后的代码再次运行相同的提示词，即可重新生成注释，将修改内容也纳入其中。

最后一点是，虽然注释对直接阅读代码的人很有用，但如果我们想以 Javadoc 等形式提供更多结构化文档呢？在这种情况下，我们可以修改提示词并使用结构化数据策略来创建提示词。我们将针对 Javadoc 使用带有结构化数据策略的更新提示词：

你是一名 Java 开发人员。请更新以三个#号分隔的代码，并添加 Javadoc 格式的代码注释以解释代码如何工作。在输出具有代码注释的代码之前，检查代码的所有部分都没有更改。

然后，我们使用分隔符策略提供代码：

```
###
import java.util.*;
import java.util.concurrent.ConcurrentHashMap;

public class Timesheet {

    private ConcurrentHashMap<String, Long> timesheets =
    ➥ new ConcurrentHashMap<>();

    public boolean submitTimesheet(String projectName, long duration) {
        if (projectName != null && duration > 0) {
                    projectName = projectName.toLowerCase();

            timesheets.put(projectName,
            ➥ timesheets.getOrDefault(projectName, 0L) + duration);
            return true;
        } else {
            return false;
        }
    }

    public Collection<Long> getTimesheets() {
        return timesheets.values();
    }
```

```
public long getTotalTimesheetHours(String projectName) {
    return timesheets.getOrDefault(projectName.toLowerCase(), 0L);
}
}
###
```

将该提示词与示例代码一起发送到 ChatGPT，会产生以下结果：

```
import java.util.*;
import java.util.concurrent.ConcurrentHashMap;

/**
 * Represents a timesheet management system for tracking hours spent on
different projects.
 */
public class Timesheet {

    // A concurrent hash map to store project names and their
    // corresponding total hours
    private ConcurrentHashMap<String, Long> timesheets = new
ConcurrentHashMap<>();

    /**
     * Submits a timesheet entry for a project.
     *
     * @param projectName The name of the project.
     * @param duration    The duration in hours to be submitted.
     * @return true if the submission was successful, false otherwise.
     */
    public boolean submitTimesheet(String projectName, long duration) {
        if (projectName != null && duration > 0) {
            // Normalize the project name to lowercase for consistency
            projectName = projectName.toLowerCase();

            // Update the total hours for the project or add a new
            // entry if it doesn't exist
             timesheets.put(projectName, timesheets.getOrDefault(projectName,
             0L) + duration);
            return true;
        } else {
            return false;
        }
    }

    /**
     * Retrieves a collection of all total timesheet hours for all
     * projects.
     *
     * @return A collection of total hours for all projects.
     */
    public Collection<Long> getTimesheets() {
        return timesheets.values();
    }
```

```
/**
 * Retrieves the total timesheet hours for a specific project.
 *
 * @param projectName The name of the project.
 * @return The total hours spent on the specified project, or 0
 * if the project is not found.
 */
public long getTotalTimesheetHours(String projectName) {
    // Normalize the project name to lowercase for consistency
    // and retrieve the total hours
    return timesheets.getOrDefault(projectName.toLowerCase(), 0L);
}
}
```

利用这一提示词，我们改进了部分注释的质量，还创建了 Javadoc 友好的注释，可用于为外部用户提供代码文档。现在，我们只需在我们认为合适的地方进行调整和编辑即可。

4.5.2　生成发布说明

正如可以用 LLM 来修改代码以添加注释一样，我们也可以用 LLM 将代码库转换为发布说明，供团队内外的其他人使用。为此，我们创建了一个新的提示词，其中包含以下详细信息。我们采用了检查解决方案策略，以确保发布说明清晰可读：

MW 你是一名 Java 开发人员。请将以三个#号分隔的代码转换成一组包含要点的发布说明，说明代码如何工作。在输出前，请检查确保发布说明能被没有代码创建经验的人阅读。

我们添加了一条附加指令，以减少发布说明的字数：

MW * 仅输出发布说明。

然后，我们使用分隔符策略来列出要说明的代码：

MW ###

```
import java.util.*;
import java.util.concurrent.ConcurrentHashMap;

public class Timesheet {
    private ConcurrentHashMap<String, Long> timesheets =
    ➥ new ConcurrentHashMap<>();

    public boolean submitTimesheet(String projectName, long duration) {
        if (projectName != null && duration > 0) {
            projectName = projectName.toLowerCase();

            timesheets.put(projectName,
            ➥ timesheets.getOrDefault(projectName, 0L) + duration);
            return true;
        } else {
```

```
            return false;
        }
    }

    public Collection<Long> getTimesheets() {
        return timesheets.values();
    }

    public long getTotalTimesheetHours(String projectName) {
        return timesheets.getOrDefault(projectName.toLowerCase(), 0L);
    }

}
###
```

该提示词与之前以代码注释为重点的提示词模式类似，但这次我们不再要求它在代码中注入注释，而是指示它将代码转换为自然语言的发布说明。例如，将带有示例代码的该提示词发送至 ChatGPT，会返回：

　　发布说明：

* 代码定义了一个名为 Timesheet 的 Java 类，用于管理工时表数据。
* 它使用 ConcurrentHashMap 来存储工时表条目，其中项目名称（小写）与各自的时段（小时）相关联。
* submitTimesheet 方法允许用户提交工时表条目。它需要一个项目名称和一个正数时段作为参数。如果满足这些条件，它就会在映射中存储与项目名称相关联的时段。如果不满足，则返回 false。
* getTimesheets 方法返回所有记录的工时表时段的集合。
* getTotalTimesheetHours 方法允许用户检索特定项目名称（不区分大小写）的总时段。如果找不到项目名称，则返回 0。

注意：使用 submitTimesheet 方法时，确保以小写提供项目名称，以避免在检索总时段时出现大小写敏感问题。

与我们之前试图详细说明代码作用的原始代码相比，我们这次得到的结果格式完全不同。回顾一下输出结果，确实感觉很有技术含量，考虑到我们要求对少量代码进行详细说明，这也是合情合理的。不过，这些发布说明也是非常有用的，因为我们可以调整之前的风险提示词来分析这些说明。我们使用分隔符来标识要分析的发布说明：

　　你是软件测试专家。请分析以三个#号分隔的发布说明，找出可能影响代码的风险。如果没有提供发布说明，则回复"找不到风险"。

然后，我们围绕质量特性和输出结构提供说明：

　　* 风险必须与质量特性（性能、安全性和互操作性）相关。

* 每个质量特性可识别多个风险。
* 以"风险-质量特性-解释"的格式输出已识别的风险。

通过少样本提示词，我们可以举例说明输出结构：

MW 示例：

溢出-安全性-添加大整数作为参数可能会导致方法触发缓冲区溢出。

在提示词的分隔符内提供了发布说明：

MW ###

发布说明：

* 代码定义了一个名为 Timesheet 的 Java 类，用于管理工时表数据。
* 它使用 ConcurrentHashMap 来存储工时表条目，其中项目名称（小写）与各自的时段（小时）相关联。
* submitTimesheet 方法允许用户提交工时表条目。它需要一个项目名称和一个正数时段作为参数。如果满足这些条件，它就会在映射中存储与项目名称相关联的时段。如果不满足，则返回 false。
* getTimesheets 方法返回所有记录的工时表时段的集合。
* getTotalTimesheetHours 方法允许用户检索特定项目名称(不区分大小写)的总时段。如果找不到项目名称，则返回 0。

注意：使用 submitTimesheet 方法时，确保以小写提供项目名称，以避免在检索总时段时出现大小写敏感问题。

###

在 ChatGPT 中使用该提示词会返回以下建议的风险：

并发修改-性能-使用 ConcurrentHashMap 可能不适合高并发访问，如果多个用户同时频繁修改工时表条目，会导致性能瓶颈。

缺乏输入验证-安全性-submitTimesheet 方法缺乏适当的输入验证。它只检查时段是否为正数，但不验证项目名称，因此容易受到注入攻击或其他恶意输入的影响。

大小写敏感性-互操作性-要求以小写提供项目名称可能会导致与预期输入不区分大小写或具有不同命名约定的系统集成时出现互操作性问题。

无身份验证/授权-安全性-发布说明未提及任何身份验证或授权机制，如果未经授权的用户可以提交或访问工时表数据，则可能会带来安全风险。

数据泄露-安全性-getTimesheets 方法可访问所有记录的工时表时段，如果没有适当的限制或验证，可能会泄露敏感信息。

当然，如果我们要求 LLM 根据代码直接提出风险建议，这可能是一个不必要的步骤，但它确实展示了 LLM 将数据从一种格式转换为另一种格式的强大能力。

4.6   寻求与代码助手之间的平衡

Copilot 和 ChatGPT 等工具的价值因人而异。对某些人来说，它意味着开发和许多角色被自动化替代；而对另一些人来说，它只不过是一个提供智能代码建议的高级工具。本章的核心主题是：明确这些工具的价值以及它们在这两个极端之间达到平衡的方法。

这些模型是根据 Stack Overflow 和 GitHub 代码库中的大量数据训练出来的，它们对生产和测试代码的建议都非常复杂。但是，它们仍然需要我们人类的指导——指导的依据是我们与利益相关者沟通、分析需求和设计实施的能力。我们在开发过程中如何很好地使用 AI 工具，取决于我们互补技能的磨炼，这可以用图 4.2 所示的影响域模型来概括。

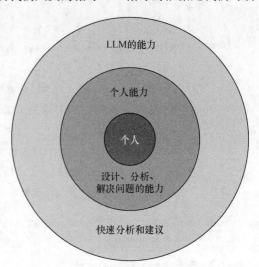

这种平衡可以帮助我们更快地交付功能，同时还能确保质量，因此，我们的目标是在依靠自身能力和工具功能中找到平衡。有时，代码助手无法提出正确的实现建议，我们就需要承担起相应的责任。这种方式赋予我们更多的控制权，但也可能会牺牲开发速度。在其他情况下，我们可以依靠代码助手工具并参考大量数据，通过单元检查或对话提出新的设计思路。不过，我们要确保 TDD 循环专注于设计，而不是测试覆盖率。过度关注单元检查会让我们忽略设计，最终陷入形式化检查（box-checking）活动。

图 4.2   为展示人类的能力和代码助手工具的能力而更新的影响域模型

小结

- 目前市场上的大多数生成式 AI 工具都依赖于 LLM，它们用从互联网上收集的大量数据进行训练。
- LLM 是一种复杂的算法，可对我们的输入进行统计分析，以确定它们应回复的输出。
- Copilot 是一款编码助手工具，它使用 OpenAI GPT-4 模型，并根据 GitHub 上存储的代码进行训练。
- Copilot 可在集成开发环境（IDE）中工作，并以提示词的形式读取你的代码，建议下一步在测试代码和生成代码中添加哪些内容。

■ Copilot 等工具可以与 TDD 失败-通过-重构循环很好地配合，帮助我们快速创建单元检查和生成代码。

■ 为了帮助 Copilot 返回有价值的代码，我们需要用提示词来引导它。

■ AI 代码助手能否成功取决于我们对自身能力和对代码助手工具功能的理解。

■ 明确我们主导设计与工具主导设计之间各占多少，需要达到平衡状态。

■ 当平衡从人类主导转向工具主导时，我们必须注意权衡利弊。

第 5 章　AI 辅助的测试计划

本章内容包括

- 模型的价值如何与 LLM 的使用相关联。
- 在测试计划中与 LLM 一起使用模型。
- 评估 LLM 生成的建议是否合适。

既然我们已经开始了解大模型（LLM）是如何帮助提升软件质量的，那么是时候来解决 LLM 能否生成有效测试用例的问题了。从表面上看，答案很简单：可以。但更深层次、更重要的问题是，为什么要让它们生成测试用例？我们希望通过不假思索、没有方向地生成大量测试用例来达到什么目的？虽然 LLM 能够创建测试用例，但这并不意味着在所有情况下都能保证其生成的用例是有效的。

这个问题背后的动机，来自使用 LLM 来指导功能、用户故事或项目所需的测试的愿望。虽然 LLM 在建议我们应该进行哪些测试方面可能很有价值，但我们应该在多大程度上信任 LLM，以及应该在多大程度上依赖 LLM，这些都令人担忧。就像我们已经探索和将要探索的其他活动一样，我们需要取得平衡。一方面，每当使用 LLM 辅助测试时，我们必须保持适度的怀疑态度，但也不应该完全否定它们的潜在价值（只要我们保持批判的眼光，警惕它们何时会把我们引入歧途）。因此，本章将探讨 LLM 如何引导测试方向的两个核心问题，其重点在于如何创建测试计划。

- LLM 能否辅助测试计划？
- 如何有效利用 LLM 来辅助上述测试计划？

　　具体来说，我们将研究在确定某个功能、用户故事或项目需要哪种类型的测试时需要开展的活动。为此，我们将研究现代软件开发团队中的测试计划。但在此之前，我们要确定 LLM 如何在测试计划阶段为我们提供最佳支持。

5.1　现代测试中测试计划的定义

　　对我们大多数人来说，测试计划意味着详细的文档，它试图精确地定义我们将如何进行测试。但是，如果你是在现代、敏捷的软件开发团队中工作，请问自己：你上一次输出测试计划是什么时候？你上一次为即将开展的工作编写测试计划文档是什么时候？如果有，它是什么样子的？

　　如今，测试计划的形式多种多样。有些人可能会说，我已经很久没有写过测试计划了，有些人可能会在一页纸的测试计划中记下关键细节，或者依靠验收标准来决定进行哪些测试。还有一些人可能会按照严格的测试计划模板创建正式的测试计划。无论我们的测试计划是正式的还是非正式的，测试计划的驱动因素都是我们的产品和项目所面临的风险，这种关系如图 5.1 所示。

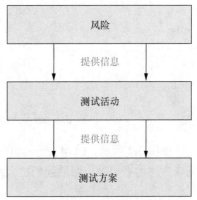

图 5.1　风险与测试计划的关系图

　　因此，当我们计划要进行的测试时，核心目标是识别和降低具体的、可衡量的风险。我们所定义的风险会告诉我们要进行哪些测试，根据测试的类型，我们可以考虑不同的测试方案。

5.1.1　测试计划、LLM 和影响域

　　考虑到风险是测试的核心，我们需要与 LLM 建立一种关系，帮助提升基于风险的测试计划方法，同时确保我们不会过于依赖 LLM 的输出。很多讨论都围绕着如何利用 LLM 来指导测试，即让 LLM 为我们生成测试用例（为了便于讨论，我们将同时讨论自动化和非自动化测试用例）。但 LLM 能够生成测试用例，并不意味着这些测试用例对于降低我们所关注的风险是必要的或相关的。结果可能是，一些建议的测试用例是有价值的，但使用 LLM 会大大增加无效或误导性测试的风险。

　　我们希望在测试中做到有的放矢和高效，因此重点使用 LLM 来辅助我们识别风险是关键所在。首先，它启发了我们进行测试的方式。尽管在整体策略中将测试用例作为不同测试技术的一部分是合理的，但我们不应该只是单纯依赖测试用例。相反，我们应该把重点放在风险上，探索我们可能关注的不同问题，而不必偏重选择一种测试技术。一旦了解了我们所关注的风险，就可以选择合适的测试活动来降低风险。

其次，也是最重要的一点，关注风险改变了我们使用 LLM 的方式。在图 5.2 中，影响域模型展示了如何告知 LLM 我们正在关注哪些特征，以及我们已经识别出哪些风险。

图 5.2　展示人的核心作用和作为助手的 LLM 的影响域模型

如图 5.2 所示，LLM 是一个助手，它拓展了我们识别风险的思路，并有可能帮助我们发现尚未考虑的新风险，帮助我们扩大风险覆盖面，同时确保我们掌控测试的方向。

5.2　通过模型进行重点引导

如果我们想使用 LLM 来帮助识别风险，那么在确定测试重点时，我们就需要意识到过度依赖 LLM 的危害。为了更好地理解这一点，让我们来看一个常见的例子，分析 LLM 是如何帮助测试的，以及它们可能存在的问题，并探索如何更好地引导 LLM 的使用，以最大化其价值，同时降低错误测试的风险。

5.2.1　不精准的提示词导致不精准的建议

在本书第 1 部分中，我们已经看到了构造不佳的提示词如何导致问题，例如：

🔘 为文件上传功能创建测试

返回的结果是一个通用的不可操作列表，没有基于上下文，这意味着它们需要大量的返工，或有可能影响我们的测试质量（为便于阅读，缩减了内容）：

◉ 实现文件上传功能可能会带来几种风险，包括

　1　安全风险

　　－　恶意文件：用户可能上传包含恶意软件或病毒的文件，从而破坏系统并危及安全。

　　— 注入攻击：如果系统不能正确验证文件类型和内容，就可能受到跨站脚本（XSS）或 SQL 注入等注入攻击。

　　— 拒绝服务（DoS）攻击：攻击者可能会上传大文件或大量文件，使系统的存储或处理能力不堪重负，从而导致拒绝服务。

2　隐私风险

　　— 敏感数据泄露：用户可能会无意中上传包含敏感信息的文件，如个人身份信息、财务数据或机密文件。

　　— 数据泄露：上传文件处理不当可能导致数据意外泄露，尤其是在未经授权的用户可以访问这些文件的情况下。

3　合规风险

　　— 法规合规：如果不遵守 GDPR 或 HIPAA 等有关处理个人或敏感数据的法规，可能会导致法律后果。

　　— 版权侵犯：用户可能未经许可上传受版权保护的资料，从而使平台面临潜在的版权侵权法律诉讼。

4　性能风险

　　— 带宽和存储：大型文件上传会消耗大量带宽和存储资源，可能会影响系统性能和可扩展性。

　　— 并发性：多个用户同时上传大文件会使服务器资源紧张，降低系统响应速度。

　　如果我们输入垃圾，就会得到垃圾，如果我们对如何与 LLM 交互不加批判，那么麻烦就会接踵而至。我们已经知道，要想成功地从 LLM 中获取价值，就需要针对要解决的问题创建特定的提示词。在生成合适的风险时，我们面临的挑战是如何为复杂的系统创建这些特定的提示词。做到这一点所需的技能并不在于我们编写提示词的能力，而是将系统分解成更易于管理的小块。通过这样做，我们就能创作出更有针对性和重点突出的提示词。因此，问题就转变为分解系统以创建更好的提示词。

5.2.2　什么是模型，为什么模型可以帮助我们理解

　　在使用模型来帮助我们进行提示之前，让我们先明确一下"模型"的含义。当我们在软件开发和测试中使用"模型"一词时，我们指的是某些信息的抽象表示。它可以是图示的形式（例如，应用程序的数据流图），也可以是我们头脑中的概念框架。我们之所以说它是抽象的，是因为尽管它基于现实中的信息，但模型通常会简化、强调或忽略某些细节信息，从而呈现出对真实信息的部分表述。因此，在讨论模型时，我们会引用乔治·博克斯（George Box）的一句话："所有模型都是错的，但有些模型是有用的。"模型往往聚焦于更广泛上下文中的特定属性或概念。这看似批评，但如果善加利用，却能帮助我们解决问题。例如，请看图 5.3 所示的应用程序模型。

图 5.3 所示应用程序模型的基本图示旨在帮助读者确定 API 之间的依赖关系。请注意,它并不包含系统的所有细节。API 被抽象成一个个黑盒,这些黑盒封装了每个 API 中的代码细节,而系统的前端则被简单地概括成一个名为"用户界面"的方框。尽管该模型存在局限性(因为它不能准确地反映平台的方方面面),但它仍然有价值(因为它突出了读者关心的细节,即平台上 API 之间的关系)。如果读者想了解 API 的依赖关系,那么这个模型就有价值。但是,如果读者想了解前端的实现或每个 API 中函数的具体实现,那么这个模型就没有足够的价值了。

因此,在创建模型时,我们可以通过突出关键信息并有选择地忽略其他细节,让模型为我们提供有用的信息。这种系统建模方法有助于确保提示词生成的风险建议更符合上下文,更有价值。

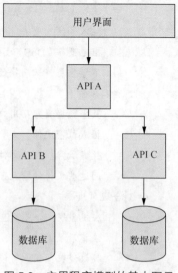

图 5.3　应用程序模型的基本图示

5.3　结合模型和 LLM 来协助测试计划

现在,你已经更好地理解了创建不关注系统特定部分的提示词的危险,让我们来看看如何通过使用模型来降低这种风险。为了展示基于模型的方法,请想象我们正在使用 LLM 为测试计划过程提供帮助。

5.3.1　创建明确提示词的模型

毫不意外,我们的首要步骤是创建应用程序的模型。我们稍后将探讨创建模型时可以使用的不同格式,但在此期间,假设我们已经构建了一个如图 5.4 所示的模型。

该模型使用数据流图,概述了在通过 API 请求一批预订数据的过程中如何处理数据。该模型本身并不是系统的整体模型,而是存在于通用民宿/酒店预订管理系统中的一个特定功能模块。进一步解析该模型的具体内容,当管理员想要查看数据库中存储的预订列表时,需要经过以下步骤。

(1)发送查看预订列表的请求,并在请求中附加一个令牌。

(2)从初始请求中提取令牌,并将其发送到有效会话列表中进行验证。

(3)如果令牌被确认为有效会话,则会向管理员查看预订请求的系统返回成功授权回复。

(4)预订列表将被整理并发送给管理员。

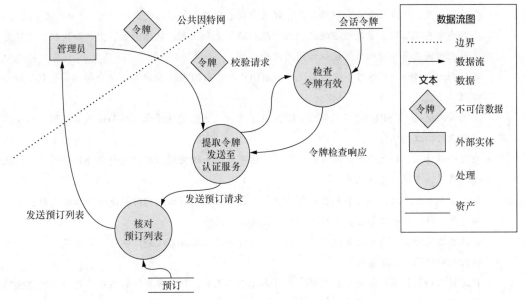

图 5.4 应用程序的图示模型

考虑这一流程，让我们先来看看，如果要创建一个试图同时包含模型中所有内容的提示词，我们可能会从 LLM 得到哪种类型的响应。首先，我们将创建一个提示词：

🔘 你是软件测试专家。针对一个使用基于会话的令牌授权访问以查看预订列表的应用程序，请生成一份风险列表。

当提示词输入 LLM（如 ChatGPT）时，我们会收到类似以下的回复：

🔘 会话令牌（token）生成缺陷：生成会话令牌的过程可能存在漏洞，如可预测的令牌模式，从而导致令牌猜测攻击。

会话令牌泄露：会话令牌可能会无意中暴露在日志、错误信息或不安全的传输渠道中，从而可能导致未经授权的访问。

会话令牌存储：会话令牌存储不当，如存储在没有安全标记的 cookie 中，或存储在易受 XSS 攻击的本地存储中，可能导致令牌被窃取。

会话劫持：缺乏适当的机制来防止会话劫持攻击，如会话固定攻击（session fixation），攻击者设置用户的会话令牌，或会话重放攻击。

会话超时：会话超时配置不当可能会导致会话暴露时间过长，增加攻击者利用盗取的令牌进行攻击的机会。

会话固定：在发生身份验证事件或重大状态变化时，无法使会话令牌失效并重新生成令牌，从而使攻击者能够将会话固定为已知令牌。

令牌熵不足：生成的会话令牌熵不足，容易受到暴力破解或字典攻击。

令牌生命周期管理：缺乏适当的机制来管理令牌的生命周期，包括撤销、更新和轮换，可能会导致长时间暴露和增加未经授权访问的风险。

不安全的令牌传输：通过不安全渠道（如 HTTP 而非 HTTPS）传输的会话令牌容易受到拦截和嗅探攻击。

跨站请求伪造（CSRF）：不完善的 CSRF 保护可让攻击者伪造请求，从而使用有效的会话令牌进行未经授权的操作。

会话令牌注入：缺乏适当的输入验证和输出编码可能会使应用程序遭受会话令牌注入攻击，从而允许攻击者操纵会话状态。

不安全的会话终止：不恰当的会话终止机制，如在注销或会话到期时未使会话令牌失效，可能会导致会话漏洞长期存在，从而增加会话被攻击的风险。

会话数据完整性：会话数据缺乏完整性检查可能会让攻击者篡改会话参数或有效载荷，导致未经授权的访问或数据篡改。

日志记录和监控不足：会话相关事件的日志记录不充分，对异常事件的监控不充分，可能会阻碍及时发现和应对会话攻击。

会话令牌取证：缺乏跟踪和调查会话相关事件的取证能力，可能会阻碍事件后的分析和修复工作。

返回的清单乍一看似乎很长，但仔细阅读后发现似乎存在一些问题。首先，从 LLM 建议的风险列表来看，它们主要集中在安全风险上。虽然安全风险是需要考虑的重要因素，但集中在授权和预订组件之间的交互或预订列表的编译方面的风险却微乎其微。LLM 将提示词中的令牌部分看得太重了。因此，让我们考虑一下通过关注我们创建的模型的特定部分来创建的提示词：

 你是软件测试专家。请针对由三个#号分隔的行为生成尽可能多的风险项。

\###

一个预订 API，一旦获得授权，就会将存储在数据库中的预订列表发送给用户查看。

\###

通过这一提示词，我们试图描述系统模型中的特定模块。我们不要求返回结果中一次性涵盖所有功能的建议，而是选择系统的一个模块，看看能否得到更好的建议。这就意味着，如果把它输入一个 LLM（如 ChatGPT），我们可能会看到下面的建议列表（同样，为了便于阅读，缩减了部分内容）：

1 数据安全风险

- 由于身份验证或授权机制不完善，敏感的预订数据可能会遭到未经授权的访问。
- 如果 API 没有对服务器和用户之间的数据传输进行加密，导致数据容易被拦截，从而存在数据泄露的风险。

  – 如果 API 未对输入内容进行适当清洗,可能会受到 SQL 注入攻击,从而导致未经授权访问或数据库篡改等风险。

2 数据准确性风险

  – 如果 API 未与数据库正确同步,则会向用户传输不准确或过时的预订信息。

  – 传输过程中数据损坏,导致数据库与发送给用户的信息不一致的风险。

3 性能风险

  – 如果 API 不能有效处理大量预订请求,就会导致响应过慢或超时。

  – 如果 API 无法有效处理并发请求,导致性能瓶颈,则可能出现服务质量下降或停机的风险。

4 可扩展性风险

  – 无法处理预订高峰期增加的流量,导致系统超载或崩溃。

  – 如果 API 不能动态扩展以适应不断增长的用户需求,则存在资源耗尽的风险,从而导致性能下降。

5 依赖性风险

  – 如果 API 依赖于可能会出现停机或功能变更的外部依赖项(如第三方 API、库或服务),则存在服务中断的风险。

  – 版本不兼容风险:如果 API 建立在过时或废弃的框架上,会导致与其他系统或库的兼容性问题。

6 错误处理风险

  – 错误处理机制不完善,可能导致含糊不清或误导性的错误信息,使用户难以诊断和排除故障。

  – 在错误信息中暴露敏感的系统信息,可能会帮助攻击者利用漏洞。

7 并发风险

  – 如果 API 不能正确处理对数据库的并发访问,则可能存在数据损坏或竞争条件的风险,从而导致数据不一致或数据丢失。

  – 如果 API 没有实施适当的锁定机制来管理对共享资源的并发访问,则会出现行为不一致或意外结果。

8 合规风险

  – 如果 API 不遵守处理敏感用户数据的行业标准,则存在不符合数据保护法规(如 GDPR、HIPAA)的风险。

  – 如果 API 不符合特定行业的法规(如针对支付数据的 PCI DSS),则可能产生法律后果。

9 负载测试风险

  – 如果未对 API 的可扩展性和稳定性进行充分测试,则在高负载情况下存在性能下降或系统故障的风险。

  – 容量规划不准确,可能导致资源分配不足或过度分配,从而造成性能不达标或不必要的成本。

10 文档风险

- 如果文档不完整、过时或不清晰，则存在误解或误用 API 功能的风险。
- 如果开发人员无法依赖准确、最新的 API 文档，可能会延误开发进度或降低故障排查工作的效率。

让我们比较一下 ChatGPT 前后两次回复，看看是否有所改进。首先，最初的提示词存在一个问题，即过于关注功能的特定方面，而忽略了系统的其他部分。鉴于我们已根据模型明确选择了系统的某个独特部分，因此新的提示词回复将重点放在测试预订列表的方法上，这是有道理的。我们要求它这样做，但最突出的是建议的多样性。在最初的提示词中，大多数建议都是基于令牌可能处于的不同状态；而这次的提示词不仅提供了更多建议，还涵盖了预订正确性、边界条件、无效数据和缓存等方面的内容。其次，还存在一些建议过于模糊而无法实施的问题。回顾每个标题下的建议，我们可以看到它们变得更加明确，例如，负面测试建议提到了需要考虑的特定类型的状态码。

因为在提示词中添加了更多上下文，LLM 的回复质量会更高，所以结果得到了改善。通过使用模型，我们可以对行为进行切分，重点关注特定组件，并在提示词中记录和传达上下文。这确实意味着我们会忽略模型中的其他部分，而专注于传达系统的某一部分是如何工作的。但是，如果重复这一过程，就可以改变我们要为模型中的哪一部分创建提示词。例如，我们可以运行第二个提示词，专门针对系统的令牌验证部分来创建类似这样的提示词：

 你是软件测试专家。请针对由三个#号分隔的行为生成尽可能多的风险。

###

授权 API 将从另一个 API 获取令牌，检查令牌是否有效且在有效期内，然后根据结果做出正面或负面的响应。

###

当输入像 ChatGPT 这样的 LLM 时，它将返回类似下面的内容：

1 令牌验证失败：授权 API 可能无法正确验证从不同 API 接收到的令牌，从而导致未经授权的访问。

2 令牌过期：授权 API 可能无法准确检测已过期的令牌，从而允许不应再拥有权限的用户继续访问。

3 误报/漏报响应：API 有可能提供错误的响应，要么允许未经授权的用户访问，要么拒绝已授权的用户访问。

4 性能下降：如果令牌验证过程是资源密集型的，可能会导致性能下降，甚至在高流量期间出现停机。

5 依赖故障：如果提供令牌的不同 API 出现停机或故障，授权 API 可能无法正确执行其功能。

6 安全漏洞：授权 API 可能会受到注入攻击或不当访问控制机制等安全漏洞的影响。

7 缺乏日志记录/监控：如果没有适当的日志记录和监控，就很难识别未经授权的访问尝试或诊断令牌验证问题。

8 错误处理不当：错误处理不当可能会导致含糊不清或误导性的错误信息，使开发人员难以排除集成问题。

9 令牌伪造：恶意行为者可能会利用令牌验证过程中的弱点，试图伪造令牌以获得未经授权的访问。

10 令牌重放攻击：攻击者可能截获有效的令牌并重放，以获得未经授权的访问权限，这体现了采取措施防止令牌重放攻击的重要性。

11 令牌过期竞争条件：如果令牌在验证通过和允许访问期间过期，就可能出现竞争条件，从而导致未经授权的访问。

12 令牌验证逻辑不一致：如果授权 API 和另一个 API 之间的令牌验证逻辑不同，可能会导致不一致和意外行为。

13 合规问题：如果不能妥善保护和验证令牌，可能会导致不符合行业规范或数据保护法。

14 扩展性问题：随着用户和令牌数量的增加，授权 API 的可扩展性可能会成为一个问题，从而可能导致性能问题或服务中断。

15 集成挑战：将授权 API 与另一个 API 和其他系统集成可能会带来技术挑战，如兼容性问题或数据格式不匹配。

　　然后，我们从该列表中挑选建议，并将它们添加到我们从上一个提示词回复中选择的建议中，从而构建一个可能在测试计划中需要考虑的风险列表。

　　这表明，为了提高 LLM 风险建议的质量，我们需要了解被测系统。仅仅简单地选择一个需求或功能，然后要求 LLM 生成风险建议，这是行不通的。LLM 缺乏上下文，意味着它将依赖于其在类似功能需求中训练得到的常见行为模式，从而导致获得模糊的回复和幻觉。要想从 LLM 中获得有价值的信息，我们需要提供具体的信息，并作为丰富的上下文信息提供给它，这些信息又可以通过模型来获取。通过创建系统模型，我们不仅能加深对测试内容的理解，还能将系统的各个部分划分为特定区域，从而为我们编写提示词类型提供依据。然后，我们可以对系统的每个部分进行迭代，创建提示词以返回建议，从而建立起更具相关性、针对性更强的风险建议，帮助我们理解各个组件的表现。

　　如图 5.5 所示，所有这些都可以使用影响域模型进行总结。

图 5.5　显示从 LLM 获得有价值产出所需能力的影响域模型

　　该影响域模型展示了我们的建模和分析能力是如何推动 LLM 提供价值的。如果我们的理解能力较弱，那么我们构造提示词的能力也会相应较弱，最终导致得到的返回结果质量较低。

5.3.2　尝试不同的模型类型

在刚才探讨的示例中，我们使用了数据流图（DFD）方法来模拟系统是如何工作的。但是，如前所述，模型是有局限性的，也就是说，我们之前使用的模型虽然从应用程序如何处理数据的角度帮助我们识别了潜在的提示词，但却忽略了过程中的其他角度。因此，尝试使用不同类型的模型，可以帮助我们从不同角度考虑应用程序的工作方式，这是非常有用的，可以让我们通过提示词引导 LLM，从而建议出更多种类的风险点。接下来，让我们来看几种不同类型的建模技术，以帮助我们拓展工作。

形式化建模技术

在使用 DFD 格式时，我们采用了属于该格式的明确符号和规则，这样我们的模型就能尽可能清晰、直观地展示正在发生的事情。然而，DTD 只是许多不同类型的形式化模型中的一种，我们可以借鉴或学习它们来创建适合我们的模型。例如，UML（统一建模语言）包含许多不同的建模方法，可以从不同的角度审视一个应用程序。UML 结构图（如组件图）可用于系统架构的模块化分析，并帮助我们使用 LLM 生成专注于系统特定模块的风险。例如，图 5.6 展示了我们如何将预订列表功能通过组件图来表示。这将产生如下提示词：

> MW　你是软件测试专家。请针对由三个#号分隔的行为生成尽可能多的风险。
>
> ###
>
> 一个 BookingRequest 类，向已授权的 API 发送请求，以确认 BookingService 是否能完成其请求。
>
> ###

我们还可以使用序列图和用例图等行为图来帮助我们记录用户在系统中的流程，并创建以用户为中心的提示词（例如，图 5.7 中的模型）。它可以帮助我们创建如下提示词：

> MW　你是软件测试专家。请针对由三个#号分隔的行为生成尽可能多的风险。
>
> ###
>
> 用户登录应用程序后，希望查看预订列表。他们已使用正确的凭证登录，并在授权过期前发起查看预订列表的请求。
>
> ###

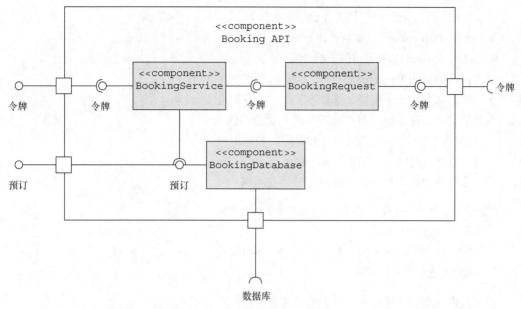

图 5.6　预订列表功能的组件图

　　形式化的模型和图表有很多选择，因此建议进行广泛探索。探索不同的模型是如何工作的以及它们会触发哪些类型的提示词，可以帮助我们确定更适合自己的模型。我们还可以利用从形式化建模技术中学到的知识，构建适合自己的定制模型。

思维模型

　　虽然不同的形式化建模技术可以帮助我们从不同的角度分析系统，但这是一项昂贵的任务。使用不同的方式为系统建模需要花费大量时间，而且需要我们进行广泛的研究，以积累足够的知识来以不同的方式构建我们的应用程序。不过，我们也可以从另一个角度来解释模型，即利用启发式方法改变我们对单一模型的认知。

　　让我们回到图 5.7，该模型旨在帮助我们理解条件性操作如何决定接下来会发生什么。因此，我们创建的提示词会侧重于这些条件。这正是模型设计的目的。但是，如果我们采用不同的思维模型来改变我们的认知呢？其中一个例子就是使用测试要点法 SFDIPOT，有时也称为"San Francisco Depot"。SFDIPOT 由詹姆斯·巴赫（James Bach）创建，是启发式测试策略模型（heuristic test strategy model）的一部分，旨在帮助我们从不同的角度审视产品；测试要点法中的每个字母代表一个不同的角度。

- 结构（Structure）：产品由什么构成。
- 功能（Function）：产品的作用。
- 数据（Data）：产品处理的内容。
- 接口（Interface）：产品的交互方式。

■　平台（Platform）：产品在什么平台上运行。

■　操作（Operation）：如何使用产品。

■　时间（Time）：时间如何影响产品。

尽管这个助记法可用于战略层面，但我们也可将其应用于系统的某个具体子模块，如图 5.7 所示。我们可以从不同的视角审视系统，对产品进行更全面的评估。例如，在分析图 5.7 时，我们可能会问时间会如何影响功能。这可能会给我们一个提示，如下面的提示词，它提出了生成风险的初步指令，并使用了分隔符策略：

 你是软件测试专家。请针对三个#号所分隔的行为生成尽可能多的风险。

重点关注用户使用系统的速度（快或慢）和特定时刻用户并发访问量方面的风险。

我们可以利用时间来思考一些策略，以避免偏离主题的建议：

 在输出建议前，检查每条建议是否符合时间条件。

然后，我们将提供工作上下文：

 ###

用户登录应用程序后希望查看预订列表。他们已使用正确的凭证登录，并在授权过期前请求查看预订列表。

###

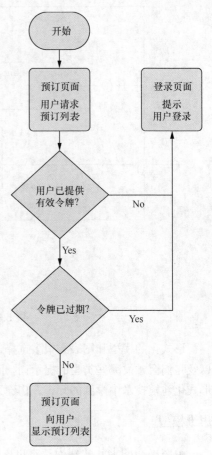

图 5.7　预订列表功能的用户流程图

使用这样的提示词可以得到以下回复：

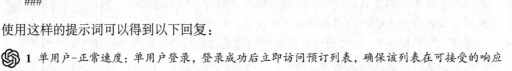

1 单用户-正常速度：单用户登录，登录成功后立即访问预订列表，确保该列表在可接受的响应时间内显示。

2 单用户-慢速：单个用户使用较慢的互联网连接登录并请求查看预订列表，检查系统如何处理延迟响应。

3 多用户-正常速度：多个用户在短时间内同时登录并请求查看预订列表，以观察系统是否会因并发请求量增加而变慢或是否对响应时间有任何影响。

4 多用户-慢速：模拟多个用户使用较慢的连接访问系统，尝试同时查看预订列表，以评估系统在较慢的网络条件和高并发用户请求下的性能。

5 用户授权时间：用户在授权到期前尝试访问预订列表，以验证系统是否允许访问或在此关键时间窗口内适当处理请求。

6 访问过程中授权过期：模拟用户在查看预订列表时授权过期的情景，以确保系统能从容应对权限过期的情况，而不会在授权失效后崩溃或显示敏感信息。

7 高负载场景：通过大幅增加同时在线用户数量来模拟高负载场景，评估系统如何在高并发请求下，仍能提供预订列表，而不影响响应时间或发生崩溃。

8 并发访问和授权更新：多个用户同时访问系统，而他们的一些授权即将到期并需要更新。本测试将验证系统在处理并发访问和授权更新过程中的表现。

9 间歇性用户访问：用户登录的时间间隔不同，有些用户登录后立即请求预订列表，而有些用户则先进行一系列操作。这项测试可确保系统在用户行为各异的情况下仍能保持一致的响应时间。

10 随机访问时间：对用户请求预订列表的时间进行随机调整，以模拟现实场景，测试系统如何应对不可预测和不规则的访问模式。

这种回复的结果更侧重于用户如何与系统交互。这些结果也比之前关于负载测试的一些高层次建议要详细得多。提示词中包含了有关系统预期的明确信息，但我们转换了视角，基于图 5.7 中的功能随时间变化的理解，在提示词中增加了关于系统预期操作的明确描述。

使用诸如 SFDIPOT 这样的启发式方法，我们可以高效地复用模型的相同部分，同时通过转换视角，以不同的方式解读模型，从而帮助我们识别可以添加到提示词中的新指令。

> **活动 5.2**
> 　针对与之前所创建模型的相同功能，使用不同的建模技术创建一个新模型，或使用思维建模技术重新评估现有模型。利用这些方法来提出新的提示词，从而为你之前创建的提示词提供新的思路。

5.4　LLM 与测试用例

本章一开始我们就提出了一个问题：LLM 是否可以用来生成测试用例？但我们并没有这样做，而是以风险为导向，确定我们可以进行的测试类型。这样做是为了表明，我们可以控制测试的方向。根据已经识别到的风险和 LLM 建议的风险，我们可能会得出结论，我们要进行的测试根本不需要依赖测试用例。

如果我们的计划已确定确实需要测试用例，无论它们是手动执行还是自动执行，我们都需要尽职尽责，通过建模确定可用于提示词的更小、更集中的功能片段。例如，我们可以结合之前所做的建模工作、所识别的风险，甚至是已经记录的示例测试用例来创建一个提示词。我们使用分隔符策略来标识两部分数据：

(MW) 你是软件测试专家。请针对由三个#号和三个反引号分隔的行为和测试用例生成建议的测试用例。

重点关注用户使用系统的速度（快或慢）和特定时刻用户并发访问量方面的风险。

我们可以花时间思考，避免重复，关注风险：

(MW)　在输出建议前，检查每项建议是否与建议的风险相匹配，是否与三个反引号（```）分隔部分中的测试用例重复。

然后，我们在分隔部分提供一段行为信息：

(MW)　###
用户登录应用程序后希望查看预订列表。他们已使用正确的凭证登录，并要求在授权过期前查看预订列表。
###

最后，我们在分隔部分提供测试用例：

(MW)　```
测试用例 1，单用户-正常速度：

■　测试使用有效凭证登录后立即访问预订列表的速度。
■　确认预订列表显示正确，无任何延迟或错误。

测试用例 2，单用户-慢速：

■　模拟缓慢的网络连接或系统性能。
■　尝试在使用有效凭证登录后立即访问预订列表，但速度需要慢一些。
■　确保系统做出适当响应，可以通过加载指示器或进度条来提示进度，并最终显示预订列表，而不会超时或崩溃。

测试用例 3，多个并发用户：

■　让一个用户登录并请求预订列表，同时让另一个用户执行不同的操作（例如，进行预订）。
■　验证系统是否能处理并发请求，不会出现性能下降或冲突。
```

当这些信息发送给 ChatGPT 时，它返回了以下建议的测试用例：

(⊛)　测试用例 4，单用户-快速：

■　测试使用有效凭证登录后立即访问预订列表，但速度要非常快。
■　验证系统是否能处理快速请求，而不会导致错误或意外行为。

测试用例 5，多个并发用户-正常速度：

■　让多个用户同时登录并请求预订列表。
■　确保每个用户都能收到正确的预订列表，而不会受到其他用户请求的延迟或干扰。

测试用例 6，授权过期：

■　使用有效凭证登录并等待授权到期。
■　再次尝试访问预订列表。
■　验证系统是否拒绝访问或提示用户重新认证，而不是显示预订列表。
```

　　再次强调，这里的目标不是盲目地生成一份详尽的测试用例列表，而是要批判性地评估所建议的测试用例，看看是否能产生有用的、新颖的想法，或者启发我们生成自己的新测试用例。

5.4.1　对生成的风险和测试用例持适当的怀疑态度

　　LLM 在编写测试的明确步骤时，无法与我们人类进行的复杂且直观的测试相提并论。虽然测试用例可以在一定程度上起到帮助作用，尤其是在自动化领域，但我们必须避免测试用例过于单一化，因为这有可能降低产品质量，而非提升它。因此，我们必须牢记，LLM 的价值在于为我们的测试计划活动提供帮助，而不是确定测试内容的权威性。如果过度依赖 LLM 来完成我们的工作，会让用户天真地以为可以完全信任它们来复制我们的测试，从而不假思索地快速生成成千上万的测试用例，而这些用例可能没有实际价值。危险并不仅仅来自 LLM 本身。因此，我们需要谨慎且有条理地思考，明确我们希望 LLM 辅助创建的内容，并对其输出的内容保持适度的怀疑态度。

小结

- 测试计划可以是非正式的笔记，也可以是关于如何进行测试的正式文件。
- 所有测试计划都必须建立在我们在测试中关注的风险之上。
- 通用而模糊的提示词可能会影响我们的测试计划，而不是提供帮助。相反，我们需要制定更准确、更具体的提示词，以产生有用的建议。
- 使用图示和思维模型可以帮助我们拆解系统，从而创建更准确的提示词。
- 所有模型都是有缺陷的，但我们可以利用这一点来创建模型，突出我们所关心的细节，帮助我们解决问题。
- 创建模型可以帮助我们拆分系统的某个功能模块，从而更好地理解其各模块是如何工作的。
- 根据模型的特定模块创建提示词，可以帮助我们提出更有价值、准确和可操作的建议。
- 我们可以使用一系列不同的建模技术，从不同角度理解系统的行为。
- 尝试不同形式的建模方法可以帮助我们生成不同类型的提示词。
- 用不同的思维模型来审视一个模型，可以帮助我们转变个人偏见和视角，从而确定要写什么类型的提示词。
- 我们应该专注于明确测试内容，并借助 LLM 提出建议，而非相反。

第 6 章　利用 AI 快速创建数据

本章内容包括

- 使用 LLM 生成基本测试数据。
- 转换测试数据的格式。
- 使用复杂数据集引导 LLM 创建新数据集。
- 将 LLM 集成为自动化测试的测试数据管理器。

测试数据管理是软件开发和测试中具有挑战性的工作之一。通常情况下，数据需求会随着系统复杂性的增加而增长。为了进行人工测试和自动化测试，我们需要生成与上下文相关的测试数据，处理其复杂的数据结构，并按需进行大规模脱敏，这可能会消耗大量的测试时间和资源，而这些时间和资源本可以更好地用于其他测试活动。

然而，测试数据是必不可少的。如果缺乏必要的数据来触发操作和评估系统行为，大多数测试活动根本无法进行。因此，本章将介绍如何使用大模型（LLM）生成测试数据，通过提供不同的提示词来创建简单或复杂的数据结构，并通过第三方 API 将 LLM 集成到自动化框架中。

6.1　使用 LLM 生成和转换数据

鉴于 LLM 是功能强大的概率文本生成器，这看起来似乎合乎逻辑：只要输入正确的提示词，LLM 就能轻松生成和转换测试数据。事实的确如此，但这依赖于编写清晰的提示词，明确传达我们的数据需求,这样才能以正确的格式获得我们想要的正确数据,而不会因幻觉造成任何错误。有很多方法可以做到这一点,但首先我们来看一些基本的提示词,我们可以随意使用它们来为一系列测试活动创建测试数据。

6.1.1 引导 LLM 生成简单数据集

首先,我们来探讨一下如何创建基本的数据集,示例如下:

```
{
  "room_name": "Cozy Suite",
  "type": "single",
  "beds": 1,
  "accessible": true,
  "image": "https://example.com/room1.jpg",
  "description": "Charming room",
  "features": ["Wifi", "TV"],
  "roomPrice": 150
}
```

我们可以看到,这个 JSON 格式的数据中包含了多种数据类型,结构相当简单。我们将在本章中稍后学习如何处理更复杂的结构,但现在,让我们回到第 2 章中使用过的提示词,来创建一些测试数据示例。首先,我们为该提示词设置主要指令,并使用"思考时间"原则来提高输出 JSON 格式数据的质量:

> MW 你是一个 JSON 数据生成器。请在数组中生成 5 个 JSON 对象,并在输出结果前校验是否已创建了 5 个 JSON 对象。

我们使用不同的分隔符来制定数据需求的规则:

> MW * 每个参数都用"%"符号标识。
>
> * 每一列按键、值数据类型和选项的顺序描述,使用"|"符号分隔。
>
> * 如果某一列数据选项是"random",则根据建议的数据类型和列名随机生成数据。

然后,我们按照分隔规则提供希望创建的数据:

> MW 以下是指令:
> ```
> % room_name | string | random
> % type | string | 'single' or 'double'
> % beds | integer | 1 to 6
> % accessible | boolean | true or false
> % image | string | random url
> % description | string | random max 20 characters
> % features | array[string] | 'Wifi', 'TV' or 'Safe'
> % roomPrice | integer | 100 to 200
> ```

该提示词依赖于一系列提示词工程策略,以明确说明我们希望生成的内容。使用格式策略来声明我们希望以何种格式返回测试数据。分隔符策略则用于设定数据结构的规则,以及数据

值的预期格式。此外，我们还引导 LLM 在输出结果之前先校验解决方案，以降低出现幻觉的
风险。向 ChatGPT 发送该提示词后，返回以下数据集：

```
[
    {
        "room_name": "Cozy Suite",
        "type": "single",
        "beds": 1,
        "accessible": true,
        "image": "https://example.com/room1.jpg",
        "description": "Charming room",
        "features": ["Wifi", "TV"],
        "roomPrice": 150
    },
    {
        "room_name": "Deluxe Room",
        "type": "double",
        "beds": 2,
        "accessible": false,
        "image": "https://example.com/room2.jpg",
        "description": "Luxury abode",
        "features": ["Wifi", "Safe"],
        "roomPrice": 180
    },
    {
        "room_name": "Economy Stay",
        "type": "single",
        "beds": 1,
        "accessible": true,
        "image": "https://example.com/room3.jpg",
        "description": "Budget-friendly",
        "features": ["TV"],
        "roomPrice": 120
    },
    {
        "room_name": "Family Suite",
        "type": "double",
        "beds": 3,
        "accessible": true,
        "image": "https://example.com/room4.jpg",
        "description": "Spacious and comfy",
        "features": ["Wifi", "TV", "Safe"],
        "roomPrice": 200
    },
    {
        "room_name": "Executive Loft",
        "type": "single",
        "beds": 1,
        "accessible": false,
        "image": "https://example.com/room5.jpg",
        "description": "Modern design",
        "features": ["Wifi", "Safe"],
```

```
    "roomPrice": 170
    }
]
```

从以上生成的数据中可以发现一些问题。我们可以看到，在提示词中明确指定数据的预期值，生成的数据非常符合预期，如 features、accessible 和 roomPrice。然而，在一些需求相对不明确的地方，我们的提示词让 LLM 来决定输出什么。有两个值得注意的地方，第一处是针对 example.com 生成的图片 URL，图片 URL 虽然格式有效，但并不指向真实的图片。根据我们的需求，需要进一步调整提示词，使 URL 更明确。另一处需要关注的是 beds 和 type 之间的关系，这种关系很有趣，可以看到一条记录显示房间类型是双人间，但却提供了 3 张床。不过，这是一个良好的开端，有时这类生成的数据正好用来辅助我们的测试。

但是，如果我们希望以不同的数据结构来处理这些数据呢？那就可以通过快速修改提示词来解决。例如，使用该提示词处理相同的数据，但这次是以 XML 格式返回。我们首先重新编写初始指令，要求以 XML 格式创建数据：

> 你是一个 XML 数据生成器。请在一个数组中生成 3 个 XML 条目，并在输出结果前校验是否已创建了 3 个 XML 对象。

我们添加了一条初始指令来处理 XML 根节点：

> * 根节点元素名称用"#"号标识。
> * 每个元素用"%"号标识。
> * 按元素名称、数据类型和选项的顺序描述每一列，使用"|"符号分隔。
> * 如果列数据选项为"random"，则根据建议的格式和列名生成随机数据。

接下来，我们提供与之前相同的数据生成步骤：

> 以下是指令：
> ```
> # rooms
> % room_name | string | random
> % type | string | 'single' or 'double'
> % beds | integer | 1 to 6
> % accessible | boolean | true or false
> % image | string | random url
> % description | string | random max 20 characters
> % features | array[string] | 'Wifi', 'TV' or 'Safe'
> % roomPrice | integer | 100 to 200
> ```

虽然在一个应用程序中处理不同的数据格式并不常见，但这个提示词展示了使用 LLM 生成数据的一大优势。通过使用结构化输出策略，我们可以保持提示词的大部分内容与 JSON 提示词示例相同，只需简单修改即可生成 XML 格式的输出；当将其发送给 ChatGPT 时，得到了以下结果：

```xml
<rooms>
    <room>
        <room_name>A1</room_name>
        <type>single</type>
        <beds>3</beds>
        <accessible>true</accessible>
        <image>https://example.com/room_a1.jpg</image>
        <description>Cozy room</description>
        <features>
            <feature>Wifi</feature>
            <feature>TV</feature>
        </features>
        <roomPrice>150</roomPrice>
    </room>
    <room>
        <room_name>B2</room_name>
        <type>double</type>
        <beds>2</beds>
        <accessible>false</accessible>
        <image>https://example.com/room_b2.jpg</image>
        <description>Spacious suite</description>
        <features>
            <feature>TV</feature>
            <feature>Safe</feature>
        </features>
        <roomPrice>180</roomPrice>
    </room>
    <room>
        <room_name>C3</room_name>
        <type>single</type>
        <beds>1</beds>
        <accessible>true</accessible>
        <image>https://example.com/room_c3.jpg</image>
        <description>Modern design</description>
        <features>
            <feature>Wifi</feature>
            <feature>Safe</feature>
        </features>
        <roomPrice>130</roomPrice>
    </room>
</rooms>
```

同样，输出结果的属性与前面的例子类似。XML 的结构是有效的，并且已遵循了相应的数据使用规则。但是，与 JSON 示例类似，我们也获得了一些不寻常的输出。例如，出现了配备 3 张床的单人间、名称奇怪的房间和虚假的 URL。在这两个提示词中，我们都可以通过增加更多背景信息来解决这些问题，但这样做我们可能不得不在提示词中创建大量规则，来有效管理各数据项之间的关系。我们还可以在提示词设计中选择采取其他策略，以应对更复杂的规则体系，但在此之前，让我们先来探索 LLM 的另一个强大的能力：数据转换能力。

活动 6.1
　　使用本节分享的提示词更改数据结构，以创建新的 XML 或 JSON 格式的测试数据。

6.1.2　将测试数据转换为不同格式

　　LLM 的核心优势之一是能够将文本从一种语言翻译成另一种语言。例如，从法语翻译成英语，再从英语翻译成法语。我们还可以使用这种方法将数据和代码从一种结构或语言转换为另一种结构或语言。例如，以下提示词展示了如何将一些 JSON 数据转换为 SQL 语句。我们使用分隔符策略和指令来开始这个提示词：

🔵 你是 JSON 到 SQL 的转换器。请将以三个#号分隔的 JSON 对象转换为 SQL 语句，该语句将：

　　1 创建一个 SQL 表，并将转换后的记录插入其中

　　2 创建插入语句，将每条记录添加到数据库中

　　然后，我们引导模型校验解决方案，以改进输出：

🔵 在输出结果之前，校验每条 SQL 语句是否覆盖了 JSON 数据的所有元素和结构关系。

　　然后，我们提供希望转换的数据：

🔵 ###
```
[{
    "firstname": "Sally",
    "lastname": "Wilson",
    "totalprice": 229,
    "depositpaid": false,
    "bookingdates": {
        "checkin": "2017-02-20",
        "checkout": "2019-07-05"
    },
    "additionalneeds": "Breakfast"
},{
    "firstname": "Jim",
    "lastname": "Jones",
    "totalprice": 871,
    "depositpaid": false,
    "bookingdates": {
        "checkin": "2017-08-11",
        "checkout": "2021-06-30"
    },
    "additionalneeds": "Breakfast"
},{
    "firstname": "Mary",
    "lastname": "Ericsson",
    "totalprice": 558,
    "depositpaid": true,
    "bookingdates": {
```

```
        "checkin": "2018-07-04",
        "checkout": "2022-09-25"
    }
}]
###
```

在这个提示词中，我们不仅要求 LLM 将一个 JSON 对象转换为可以运行的 SQL INSERT 语句，还要求 LLM 创建必要的 CREATE 语句，以便我们首先创建数据表。将上述提示词发送给 ChatGPT 后，返回了以下 SQL 语句：

```
-- Create the table
CREATE TABLE bookings (
    id SERIAL PRIMARY KEY,
    firstname VARCHAR(255),
    lastname VARCHAR(255),
    totalprice DECIMAL(10, 2),
    depositpaid BOOLEAN,
    checkin DATE,
    checkout DATE,
    additionalneeds VARCHAR(255)
);

-- Insert the records
INSERT INTO bookings (firstname, lastname, totalprice, depositpaid,
 checkin, checkout, additionalneeds)
VALUES
    ('Sally', 'Wilson', 229.00, false, '2017-02-20', '2019-07-05', 'Breakfast'),
    ('Jim', 'Jones', 871.00, false, '2017-08-11', '2021-06-30', 'Breakfast'),
    ('Mary', 'Ericsson', 558.00, true, '2018-07-04', '2022-09-25', NULL);
```

这个回答的亮点不仅在于生成了正确的 SQL 以创建数据并将其插入数据库，还在于它保留了原始 JSON 对象中的值。这展示了像这样的提示词策略的重要性：

> 在输出结果之前，校验每条 SQL 语句是否覆盖了 JSON 的所有元素和结构关系。

该提示词有助于确保数据参数本身在转换过程中不会被修改。

这些简短的提示词展示了 LLM 可通过替换每个提示词中限定部分的内容快速生成和转换数据。这些提示词可以多次重复使用。这对于探索性测试和调试等测试活动非常有用，因为在这些活动中，我们需要快速获得数据，以帮助我们取得测试进展。但是，正如演示的那样，随着需求变得越来越复杂，我们很容易遇到数据不一致或无效的数据。

活动 6.2

创建一个提示词，尝试将一段 XML 转换为 SQL 语句或 JSON 格式的数据。确保 XML 中的测试数据顺利转移。

6.2　使用 LLM 处理复杂的测试数据

在生成数据的初始提示词中，我们通常使用简单的语言设置规则和期望值。这意味着，在提示词中明确说明已知规则之前，我们需要对数据结构及其关系进行解码——这项工作有时相当复杂。因此，与其单纯尝试自己推导这些规则，不如考虑如何通过发送不同的数据规范格式或现有数据，来引导 LLM 创建更复杂的数据。

6.2.1　在提示词中使用格式标准

首先，我们将探讨如何使用数据规范格式（如 OpenAPI v3 和 XSD）来定义数据应遵循的结构和规则。这类规范具有以下 4 个显著优势。

- 现成的解决方案：数据规范框架的设计者已经完成了数据结构在不同格式之间转换的复杂任务。回顾我们之前创建的提示词，其中的分隔规则定义了数据名称和类型。所有这些规则都已在规范框架中得到充分的考虑和设定。因此，使用现有的框架比我们自己重新创建规则更有意义。
- 通用性：我们将使用的框架已经标准化，并已被许多团队和组织所采用。这增加了 LLM 在该规范框架下进行有效训练的可能性，从而使我们在发送提示词时获得理想输出的机会最大化。
- 免费使用：如果我们所在的团队已在使用 OpenAPI 和 XSD 等工具来定义数据结构或应用程序接口（API），那么这些规范可以直接应用于我们的项目中。这些工作已经在功能或应用程序的设计阶段完成。
- 内在可测试性：采用通用结构意味着 LLM 在其训练过程中更有可能接触到这些标准规范，而不是专有结构。相比之下，使用通用规范能够引导 LLM 生成高价值输出的概率，有助于进一步优化测试过程。

鉴于以上优势，让我们来看看如何将这些规范添加到提示词中，为我们生成数据。

使用 OpenAPI 创建 JSON 数据

首先创建一个提示词，使用 OpenAPI 3.0 格式生成 JSON 数据。该提示词包含分隔符、格式规则和"校验解决方案"策略，以确保准确设置提示指令并生成期望的输出。

> MW　你是一个 JSON 数据生成器。请根据 OpenAPI 模式（schema）生成一个 JSON 数组，其中包含三个随机 JSON 对象，并用三个#号分隔。在输出结果之前，校验三个 JSON 对象都符合 OpenAPI 模式规则。

接下来，我们将提供用于处理 OpenAPI 的规范：

```
### 
openapi: 3.0.0
components:
  schemas:
    Room:
      title: Room
      type: object
      properties:
        accessible:
          type: Boolean
        description:
          type: string
        type:
          type: string
          pattern: Single|Double|Twin|Family|Suite
        features:
          type: array
          items:
            type: string
            pattern: WiFi|TV|Radio|Refreshments|Safe|
        image:
          type: string
        roomNumber:
          type: string
        roomPrice:
          type: integer
          format: int32
          minimum: 0
          maximum: 999
          exclusiveMinimum: true
          exclusiveMaximum: false
        roomid:
          type: integer
          format: int32
      required:
        - accessible
        - description
        - features
        - image
        - roomNumber
        - roomPrice
###
```

可以注意到，该提示词在一开始就表明我们打算使用 OpenAPI 格式来定义数据需求。这种方式帮助我们设定了对最终数据结构的预期，当我们向 ChatGPT 提交提示词并收到以下输出时观察到：

```
[
  {
    "accessible": true,
    "description": "Cozy single room with a view",
    "type": "Single",
```

```
    "features": ["WiFi", "TV"],
    "image": "single_room.jpg",
    "roomNumber": "101",
    "roomPrice": 75,
    "roomid": 1
  },
  {
    "accessible": false,
    "description": "Spacious double room with amenities",
    "type": "Double",
    "features": ["WiFi", "TV", "Refreshments"],
    "image": "double_room.jpg",
    "roomNumber": "202",
    "roomPrice": 120,
    "roomid": 2
  },
  {
    "accessible": true,
    "description": "Family suite with a view and entertainment",
    "type": "Family",
    "features": ["WiFi", "TV", "Radio", "Refreshments", "Safe"],
    "image": "family_suite.jpg",
    "roomNumber": "305",
    "roomPrice": 180,
    "roomid": 3
  }
]
```

与之前生成的数据相比，这条数据显得更加准确，描述更加详细，并引用了其他与房间相关的属性。例如，家庭套房的描述引用了与房间类型和功能相关的数据。

图像属性值得商榷，因为这里它只提供了一个图像名称，但如果图像存储在应用程序中，这种方式也是可行的。我们使用 OpenAPI 还可以设定更详细的规则，这意味着我们可以将规范中的图像部分从

> 🔵 image:
>   type: string

更新为以下格式，其中的模式（pattern）指向我们之前生成的测试图像：

> 🔵 image:
>   type: string
>   items:
>   type: string
>   pattern: 之前生成的测试图像 image_1.png 的地址 | 之前生成的测试图像 image_2.png 的地址

如果将这种模式添加到提示词中，并将其发送给 LLM，它就会返回如下对象：

> ⚫ {
>   "accessible": true,
>   "description": "Cozy single room with a city view",
>   "type": "Single",

```
            "features": ["WiFi", "TV"],
            "image": "之前生成的测试图像image_1.png 的地址",
            "roomNumber": "101",
            "roomPrice": 89,
            "roomid": 12345
        }
```

通过运用 OpenAPI 中使用的不同规范，我们可以更有效地控制输出。

XML 和 XSD

同样的过程也可应用于其他格式。请看下面的提示词，它采用了与之前相同的方法，但使用的是 XML 模式定义（XML Schema Definition，XSD）。我们使用格式、分隔符和"校验解决方案"策略来描述提示词，使其采用 XSD 格式：

MW 你是一个 XML 数据生成器。请根据以三个#号分隔的 XSD 模式生成三个随机 XML 对象。将所有 XML 子对象添加到父元素 room 中。在输出结果前，校验所有三个 XML 子对象都符合 XSD 模式。

接下来，我们提供 XSD 格式，设置希望的数据输出方式：

MW
```xml
###
<?xml version="1.0" encoding="UTF-8"?>
<xs:schema xmlns:xs="http://www.w3.org/2001/XMLSchema">

    <xs:element name="room">
        <xs:complexType>
            <xs:sequence>
                <xs:element name="accessible" type="xs:boolean"/>
                <xs:element name="description" type="xs:string"/>
                <xs:element name="type">
                    <xs:simpleType>
                        <xs:restriction base="xs:string">
                            <xs:enumeration value="Single"/>
                            <xs:enumeration value="Double"/>
                            <xs:enumeration value="Twin"/>
                            <xs:enumeration value="Family"/>
                            <xs:enumeration value="Suite"/>
                        </xs:restriction>
                    </xs:simpleType>
                </xs:element>
                <xs:element name="features">
                    <xs:complexType>
                        <xs:sequence>
                            <xs:element name="feature"
                        ➥ type="FeatureType" minOccurs="0"
                            maxOccurs="unbounded"/>
                        </xs:sequence>
                    </xs:complexType>
                </xs:element>
```

```
                <xs:element name="image" type="xs:string"/>
                <xs:element name="roomNumber" type="xs:string"/>
                <xs:element name="roomPrice" type="xs:decimal"/>
                <xs:element name="roomid" type="xs:integer"/>
            </xs:sequence>
        </xs:complexType>
    </xs:element>

    <xs:simpleType name="FeatureType">
        <xs:restriction base="xs:string">
            <xs:enumeration value="WiFi"/>
            <xs:enumeration value="TV"/>
            <xs:enumeration value="Radio"/>
            <xs:enumeration value="Refreshments"/>
            <xs:enumeration value="Safe"/>
            <xs:enumeration value="Views"/>
        </xs:restriction>
    </xs:simpleType>

</xs:schema>
###
```

该提示词的工作方式与之前类似。不同之处在于，它新增了一个额外步骤，通过将测试数据存储在单个根节点下，确保对数据进行分组。但其余部分工作方式相同，最终生成的 XML 输出与之前生成 JSON 数据的提示词类似。我在引导 ChatGPT 输出 XML 格式的测试数据时，得到如下回复：

```
<?xml version="1.0" encoding="UTF-8"?>
<rooms xmlns:xsi="http://www.w3.org/2001/XMLSchema-instance"
  xsi:noNamespaceSchemaLocation="schema.xsd">
    <room>
        <accessible>true</accessible>
        <description>Cozy single room with a view</description>
        <type>Single</type>
        <features>
            <feature>WiFi</feature>
            <feature>TV</feature>
            <feature>Views</feature>
        </features>
        <image>single_room.jpg</image>
        <roomNumber>101</roomNumber>
        <roomPrice>89.99</roomPrice>
        <roomid>1001</roomid>
    </room>
    <room>
        <accessible>false</accessible>
        <description>Luxurious suite with all amenities</description>
        <type>Suite</type>
        <features>
            <feature>WiFi</feature>
            <feature>TV</feature>
            <feature>Safe</feature>
```

```
        <feature>Refreshments</feature>
        <feature>Views</feature>
    </features>
    <image>suite_room.jpg</image>
    <roomNumber>201</roomNumber>
    <roomPrice>349.99</roomPrice>
    <roomid>1002</roomid>
</room>
<room>
    <accessible>true</accessible>
    <description>Spacious family room for a comfortable
stay</description>
    <type>Family</type>
    <features>
        <feature>WiFi</feature>
        <feature>TV</feature>
        <feature>Radio</feature>
        <feature>Safe</feature>
    </features>
    <image>family_room.jpg</image>
    <roomNumber>301</roomNumber>
    <roomPrice>179.99</roomPrice>
    <roomid>1003</roomid>
</room>
</rooms>
```

当我们需要为 NoSQL 数据库创建测试数据时，这种类型的提示词非常适用。我曾经在一个项目中处理 XML 文档，文档包含 1 000 多个元素。想要生成我们所需的所有测试数据几乎是不可能的，因此我们不得不妥协。但是，如果有了 LLM 和类似于我们之前讨论的提示词，创建 XML 文档的过程只需几分钟。

> **活动 6.3**
> 　　使用 OpenAPI 或 XSD 规范创建新的测试数据。如果你可以访问这些规范，可以尝试使用它们。或者，找到示例规范并在提示词中尝试使用它们来生成测试数据。

6.2.2　作为提示词引导的 SQL 导出

到目前为止，我们所探讨的提示词都是创建作为单一实体存在的数据实体，但数据被分割到不同位置的应用程序也很常见。例如，如果基于 SQL 的数据库包含分布在多个表中的数据，我们该如何引导 LLM 创建数据呢？

我们可以采用另一种方法，即使用少样本策略（为提示词提供示例），并提供数据库的结构和示例，以展示创建了哪些数据以及在哪里创建数据。例如，下面的提示词要求在两个不同的表中生成 SQL 数据。首先，我们使用分隔符和结构化格式策略为提示词设置初始指令：

> 🅜🅦　你是一个 SQL 生成器。请根据以三个#号分隔的 SQL 语句生成一条 SQL 语句，按照提供的语句格式生成五条新记录。

然后，我们让 LLM 在产生输出之前对其进行校验：

> MW　在输出新生成的数据前,检查每个新条目是否与提供的 SQL 语句匹配,并在输出前确保 SQL 能
> 成功执行。

最后，我们提供创建每个表的 SQL 语句，供 LLM 处理：

> MW　###

```
CREATE TABLE rooms (roomid int NOT NULL AUTO_INCREMENT, room_name
➥ varchar(255), type varchar(255), beds int, accessible boolean,
➥ image varchar(2000), description varchar(2000),
➥ features varchar(100) ARRAY, roomPrice int, primary key (roomid));

INSERT INTO rooms (room_name, type, beds, accessible, image,
➥ description, features, roomPrice) VALUES ('101', 'single', 1,
➥ true, 'https://███████████████████████████/room2.jpg',
➥ 'Aenean porttitor mauris sit amet lacinia molestie. In posuere
➥ accumsan aliquet. Maecenas sit amet nisl massa. Interdum et
➥ malesuada fames ac ante.', ARRAY['TV', 'WiFi', 'Safe'], 100);

CREATE TABLE bookings (bookingid int NOT NULL AUTO_INCREMENT, roomid
➥ int, firstname varchar(255), lastname varchar(255),
➥ depositpaid boolean, checkin date, checkout date,
➥ primary key (bookingid), FOREIGN KEY (roomid) REFERENCES
➥ ROOMS(roomid));

INSERT INTO bookings (roomid, firstname, lastname, depositpaid,
➥ checkin, checkout) VALUES (1, 'James', 'Dean', true, '2022-02-01',
➥ '2022-02-05');
###
```

在该提示词中，我们提供了通过 roomid 关联的两个不同表的 SQL 语句。第一个是 rooms 表，它有以下属性（下面以更易读的格式列出）：

> MW
> ```
> roomid int NOT NULL AUTO_INCREMENT,
> room_name varchar(255),
> type varchar(255),
> beds int,
> accessible boolean,
> image varchar(2000),
> description varchar(2000),
> features varchar(100) ARRAY,
> roomPrice int,
> primary key (roomid)
> ```

第二个是 bookings 表：

> MW
> ```
> bookingid int NOT NULL AUTO_INCREMENT,
> roomid int,
> firstname varchar(255),
> ```

```
lastname varchar(255),
depositpaid boolean,
checkin date,
checkout date,
primary key (bookingid),
FOREIGN KEY (roomid) REFERENCES ROOMS(roomid)
```

为 LLM 提供 CREATE 和 INSERT 语句有助于最大化输出的准确度，这种方式不仅能保证测试数据的类型无误，还能确保数据集之间的关系正确。如果我们只提供插入语句，就会缺少上下文信息，从而增加了外键与不存在的记录之间建立关系的风险。

向 ChatGPT 发送该提示词后，得到的回复如下：

```
-- Generate new rooms records
INSERT INTO rooms (room_name, type, beds, accessible, image,
 description, features, roomPrice) VALUES
  ('102', 'double', 2, true, 'https://www.example.com/image1.jpg',
 'Lorem ipsum dolor sit amet, consectetur adipiscing elit.',
 ARRAY['TV', 'WiFi'], 150),
  ('103', 'single', 1, false, 'https://www.example.com/image2.jpg',
 'Nulla facilisi. Sed at lorem nec elit rhoncus tristique.',
 ARRAY['WiFi', 'Safe'], 120),
  ('104', 'suite', 3, true, 'https://www.example.com/image3.jpg',
 'Pellentesque fermentum tortor a dui interdum, ut efficitur felis
 pharetra.', ARRAY['TV', 'Safe', 'Minibar'], 220),
  ('105', 'double', 2, false, 'https://www.example.com/image4.jpg',
 'Vestibulum non tortor sit amet lacus mattis efficitur.',
 ARRAY['WiFi'], 160),
  ('106', 'single', 1, true, 'https://www.example.com/image5.jpg',
 'Fusce ut ligula nec ligula auctor tincidunt vel sit amet dui.',
 ARRAY['TV', 'WiFi'], 130);

-- Generate new bookings records
INSERT INTO bookings (roomid, firstname, lastname, depositpaid,
 checkin, checkout) VALUES
  (2, 'Emma', 'Watson', true, '2023-08-15', '2023-08-20'),
  (3, 'John', 'Smith', false, '2023-09-01', '2023-09-05'),
  (4, 'Sophia', 'Johnson', true, '2023-08-25', '2023-08-30'),
  (5, 'Michael', 'Williams', false, '2023-09-10', '2023-09-15'),
  (6, 'Olivia', 'Brown', true, '2023-09-20', '2023-09-25');
```

这次生成的测试数据插入语句与之前提示词的回答类似，但这次的结果增加了 roomid 值，使用的是将预订 bookings 与现有房间 rooms 关联起来的 id，这些值也已在回答中生成。

这些提示词说明，如果我们的数据包含复杂的关系或许多不同的参数，我们可以使用现有的文档来辅助测试数据的生成。这不仅能节省大量时间，还能确保我们生成的测试数据在任何时候都能与预期的数据结构保持一致，从而进一步节省测试数据的维护时间。

数据隐私不可忽视

在本章提供的示例中，我们使用了仿真的数据结构和规范，但当我们为应用程序创建测试数据时，很可能会依赖于组织的知识产权或用户数据。如果我们要使用这些数据项来创建测试数据，就必须确保不会违反共享知识产权的内部政策或有关用户数据隐私的法律。根据数据能否被共享，决定如何设置提示词。

活动 6.4

使用 SQL 提示词创建自己的测试数据。尝试从正在使用的应用程序中获取 SQL，或使用示例 SQL，看看会发生什么。

6.3 将 LLM 设置为测试数据管理器

我们已经研究了如何通过 ChatGPT 等工具发送提示词来创建测试数据。但如何才能将这些类型的提示词整合到我们的自动化测试中呢？让我们尝试通过 API 平台访问 LLM 的能力，借助 LLM 模型生成数据来增强这种简单的 UI 自动化测试：

```
@Test
public void exampleContactUsFormTest() throws InterruptedException {
```

我们使用 Selenium 打开网页：

```
        driver.get("https://automationintesting.online/#/");
```

接下来，我们填写网页上的 "Contact Us" 表单：

```
    ContactFormPage contactFormPage = new ContactFormPage(driver);
    contactFormPage.enterName("John Smith");
    contactFormPage.enterEmail("john@example.com");
    contactFormPage.enterPhone("01234567890");
    contactFormPage.enterSubject("Test Subject");
    contactFormPage.enterDescription("This is a test message");
    contactFormPage.clickSubmitButton();
```

然后，我们断言 "联系我们" 表单页面已提交：

```
    assert contactFormPage.getSuccessMessage().contains("Thanks for getting
➡ in touch");
```

通过这种自动化测试，我们可以替换用于填写表单的硬编码字符串，转而连接到 OpenAI 的 API 平台，并引导它的 LLM 模型来创建测试数据，然后我们可以解析这些数据并将其用于自动化测试中。OpenAI 集成检查的初始示例和完成示例可根据 "资源与支持" 页中的指引找到。

6.3.1 设置 OpenAI 账户

在开始使用 OpenAI 的 API 平台发送提示词之前，我们需要创建一个账户(可以通过 OpenAI 官网注册完成)。

OpenAI 平台成本

　　OpenAI 根据你向 LLM 发送和从 LLM 接收的词元（token）数量收费。词元本质上是一个单词或较小单词的集合。例如，"Hello ChatGPT"算作两个词元。使用的词元越多，即收到的提示词和内容越多，费用也就越高。现在，如果你在 OpenAI 注册一个新账户，平台会赠送你 5 美元的免费积分，可在前三个月内使用。这足以满足我们完成练习的需要。不过，由于免费积分在三个月后就会过期，如果你没有剩余的免费积分，则需要付费才能发送和接收提示词。此外，强烈建议你设置一个适合自己的使用限制，以免最终收到令人惊讶的账单。

　　注册完成后，我们需要生成一个 API 密钥，并在请求中提供，以验证自己的身份。可以通过单击 Create New Secret Key（创建新密钥）按钮来完成，该按钮会要求我们为 API 密钥命名。输入名称并单击 Create key（创建密钥）按钮后，我们将获得一个 API 密钥，如图 6.1 所示。

图 6.1　OpenAI API 平台新创建的 API 密钥

　　根据说明，我们需要在其他地方记录这个 API 密钥，以备将来使用，因为一旦确认后我们将无法再次查看它。我们先记下密钥，然后单击 Done 按钮以确保密钥已保存，如图 6.2 所示。

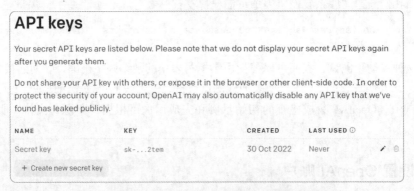

图 6.2　OpenAI API 平台的 API 密钥管理器屏幕截图

　　创建并记录密钥后，我们就可以开始将 OpenAI 集成到项目中了。

6.3.2　连接 OpenAI

第一步是编写必要的代码，向 OpenAI 发送 HTTP 请求，并确认是否能得到响应。因此，我们首先在 `pom.xml` 中添加以下库，用于发送请求：

```
<dependency>
    <groupId>dev.langchain4j</groupId>
    <artifactId>langchain4j-open-ai</artifactId>
    <version>0.31.0</version>
</dependency>
```

LangChain4j 是目前流行的 LangChain 工具集的 Java 实现，该工具集最初是用 Python 编写的。它提供了一系列工具，可用于与不同的 LLM 集成。在我们的测试用例中，将依靠 OpenAI 的 GPT 模型生成测试数据。因此，我们将使用 OpenAI 特定版本的 LangChain 来获取发送提示词的基本权限。不过，如果我们想要使用更多的控制或选项，可以使用 LangChain 的完整 AI 服务版本。

> **gpt-3.5-turbo 和其他模型**
>
> OpenAI API 平台提供了向不同的 LLM 模型发送提示词的功能。在撰写本文时，免费版的 ChatGPT 使用的是 gpt-3.5-turbo 模型。正如我们将了解到的，我们可以把它替换成其他模型，如 gpt-4o。不同模型提供了不同的功能，并且定价各异。例如，与 gpt-3.5-turbo 相比，gpt-4o 提供了更好的效果和更强的性能，其价位也高得多。有关其他模型的更多详情，请参阅 OpenAI 平台文档。

安装了必要的依赖库之后，下一步就是创建一个提示词，请求 LLM 生成所需的测试数据。初始指令使用结构化输出和分隔符策略：

> MW　你是一个数据生成器。请根据由三个#号分隔的数据标准，创建 JSON 格式的随机数据。附加数据要求在反引号之间提供。

待处理的数据会通过附加指令添加：

> MW
> ```
> ###
> name
> email
> phone `UK format`
> subject `Over 20 characters in length`
> description `Over 50 characters in length`
> ###
> ```

我们可以通过添加该提示词和必要的代码来测试它，以便将该提示词发送到新的自动检查中：

```
@Test
public void exampleContactUsFormTestWithGPT() {
```

我们创建一个新的 OpenAiChatModel，并提供一个 API 密钥：

```
OpenAiChatModel model = OpenAiChatModel.withApiKey("Enter API key");
```

然后，我们将提示词添加到字符串中：

```
String prompt = """
        You are a data generator. Create me random data in a
        JSON format based on the criteria delimited by three hashes.
        Additional data requirements are shared between back ticks.
        ###
        name
        email
        phone `UK format`
        subject `Over 20 characters in length`
        description `Over 50 characters in length`
        ###
        """;
```

最后，我们将该提示词发送给 ChatGPT 模型，并将其回复的答案存储在字符串中：

```
String testData = model.generate(prompt);

System.out.println(testData);
}
```

再次运行检查，我们会看到 LLM 返回的结果如下：

```
{
    "name": "John Doe",
    "email": "johndoe@example.com",
    "phone": "+44 1234 567890",
    "subject": "Lorem ipsum dolor sit amet consectetur",
    "description": "Lorem ipsum dolor sit amet, consectetur adipiscing
  ➡ elit. Suspendisse aliquet, tortor eu aliquet tincidunt, erat mi.»
}
```

接下来，我们需要将其解析为 Java 对象，因此我们创建了一个新类 ContactFormDetails，它可以将 JSON 对象转换为 Java 对象：

```
public class ContactFormDetails {

    private String name;
    private String email;
    private String phone;
    private String subject;
    private String description;

    public ContactFormDetails(String name, String email,
    ➡ String phone, String subject, String description) {
        this.name = name;
        this.email = email;
        this.phone = phone;
```

```
            this.subject = subject;
            this.description = description;
    }


    public String getName() {
            return name;
    }


    public String getEmail() {
            return email;
    }


    public String getPhone() {
            return phone;
    }


    public String getSubject() {
            return subject;
    }


    public String getDescription() {
            return description;
    }
}
```

创建了 ContactFormDetails 类后，我们就可以将提示词的回复（目前是一个字符串）
转换为 POJO，以供进一步使用：

```
OpenAiChatModel model = OpenAiChatModel.withApiKey("Enter API key");
String prompt = """
        You are a data generator. Create me random data in a
        JSON format based on the criteria delimited by three hashes.
        Additional data requirements are shared between back ticks.
        ###
        name
        email
        phone `UK format`
        subject `Over 20 characters in length`
        description `Over 50 characters in length`
        ###
        """;

String testData = model.generate(prompt);

ContactFormDetails contactFormDetails =
➡ new Gson().fromJson(testData, ContactFormDetails.class);
```

现在，我们已经有了用于自动检查的必要测试数据：

```
@Test
public void exampleContactUsFormTestWithGPT() {
```

下面的代码块会向 OpenAI 发送提示词，以生成测试数据：

```
OpenAiChatModel model = OpenAiChatModel.withApiKey("Enter API key");
String prompt = """
        You are a data generator. Create me random data in a
        JSON format based on the criteria delimited by three hashes.
        Additional data requirements are shared between back ticks.
        ###
        name
        email
        phone `UK format`
        subject `Over 20 characters in length`
        description `Over 50 characters in length`
        ###
        """;

String testData = model.generate(prompt);
```

接下来，我们从回复的答案中提取测试数据，并将其转换为对象：

```
ContactFormDetails contactFormDetails =
➡ new Gson().fromJson(testData, ContactFormDetails.class);

driver.get("https://automationintesting.online/#/");
```

然后，我们使用测试数据完成"Contact Us"表单并确认成功：

```
ContactFormPage contactFormPage = new ContactFormPage(driver);
contactFormPage.enterName(contactFormDetails.getName());
contactFormPage.enterEmail(contactFormDetails.getEmail());
contactFormPage.enterPhone(contactFormDetails.getPhone());
contactFormPage.enterSubject(contactFormDetails.getSubject());
contactFormPage.enterDescription(contactFormDetails.getDescription());
contactFormPage.clickSubmitButton();

assert contactFormPage.getSuccessMessage()
        ➡ .contains("Thanks for getting in touch");
```

至此就完成了 OpenAI API 平台与自动检查的集成。如图 6.3 所示，在执行检查时，我们应该会看到检查通过，并且测试数据已成功用于创建联系信息。

我们可以进一步优化代码，将提示词存储在外部文件中，并在需要时将其导入我们的检查中。这种方法特别适用于提示词信息需要多次使用的场景。通过这种方式，当测试数据需要更新时，我们只需在外部提示词文件中更新相关信息，操作简单高效，任何人，无论是否具备测试数据处理经验，都能轻松完成。

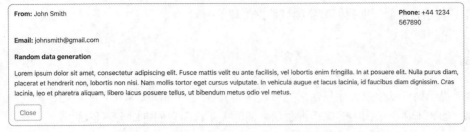

图 6.3 使用 LLM 生成的测试数据创建的消息

活动 6.5

创建一个新的自动检查，要求输入测试数据。使用提示词方法，创建一个新的提示词来生成测试数据，然后执行自动检查来验证是否通过。

6.4 从测试数据生成中获益

本章介绍了 LLM 在测试数据生成方面的优势。它可以帮助我们为各种测试活动快速创建数据（从自动化测试到探索性测试），支持管理复杂的数据集，并使用自然语言提示词简化测试数据管理的过程。然而，为了实现这一点，我们需要创建提示词，对我们需要的数据格式和应参考的示例提供明确说明，确保我们发送给 LLM 的内容不会影响个人和组织隐私。回到影响域模型，我们可以看到，人类和 AI 在测试数据生成中的作用，如图 6.4 所示。

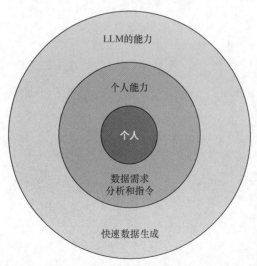

图 6.4 描述人类和 AI 在测试数据生成中的作用的影响域模型

通过创造性地使用我们从提示词工程中学到的技巧，我们可以为各种情境创建测试数据，从简单到复杂，从而帮助我们节省测试数据管理的时间。

小结

- 提示词可以快速生成任何常见格式（如 JSON、XML 或 SQL）的数据。
- 如果不在提示词中明确设置数据之间的关系，则它们有时会不正确。
- 可以创建提示词，将数据从一种格式转换为另一种格式，同时确保原始格式的数据得到保留。
- 我们可以在提示词中使用 OpenAPI 和 XSD 等数据规范格式，设定对数据结构的预期。
- 在处理分布式数据结构时，可以使用创建数据库初始结构的 SQL 语句来作为提示词。
- OpenAI 提供了一个 API 平台，可用于与不同的 AI 模型（包括 gpt-3.5 和 gpt-4o）进行交互。
- 我们可以通过编程建立 HTTP 请求，向 OpenAI 的 LLM 发送提示词，以生成测试数据。
- 引导 LLM 生成测试数据需要建立明确的提示词，并提供明确的预期和有参考价值的示例。

第 7 章 利用 AI 加速和改进 UI 自动化

本章内容包括
- 如何使用 GitHub Copilot 和 ChatGPT 快速创建 UI 自动化。
- 如何使用 GitHub Copilot 和 ChatGPT 快速改进 UI 自动化。

在软件测试行业，如果要问 AI 工具在哪个领域的应用最受关注，答案绝对是 UI 自动化。随着大模型（LLM）开始受到关注，测试行业的从业者很快就开始关注如何通过 Copilot 和 ChatGPT 等工具轻松生成 UI 自动化检查。围绕使用 AI 工具实现 UI 自动化的可能性和想法一直在迅速扩展。尽管人们对这些工具的热情很高，工具供应商和自动化人员都纷纷投入 AI 应用的探索中，但我们仍需谨慎思考 AI 的实际落地场景，以及如何有效地发挥其最大价值。

要成功利用 AI 创建自动化，既要精准地识别何时使用 AI 工具，又要掌握如何使用它。因此，本章将重点介绍如何分解创建和维护自动化检查的流程，分析 AI 工具在哪些环节可以加快我们的流程，从而确保我们能持续提供有价值的自动化。

7.1 快速创建 UI 自动化

前往 ChatGPT，让它用 Java 生成一个登录页面自动化的 Selenium 测试，它会很乐意满足你的要求。这似乎是一条有效的途径，让我们通过一个简单的示例来了解这个过程，并看看会发生什么。我们可以使用以下提示词：

假设你是自动化测试人员，请使用 Java 语言创建一个基于 Selenium 框架的自动化测试用例，实现自动验证应用程序的登录过程。

它将返回一段代码示例，如下所示：

```java
import org.openqa.selenium.By;
import org.openqa.selenium.WebDriver;
import org.openqa.selenium.WebElement;
import org.openqa.selenium.chrome.ChromeDriver;

public class LoginTest {
    public static void main(String[] args) {
        // Set the path to the chromedriver executable
        System.setProperty("webdriver.chrome.driver", "path/to/
        ➥ chromedriver");

        // Create an instance of ChromeDriver
        WebDriver driver = new ChromeDriver();

        // Open the application login page
        driver.get("https://example.com/login");

        // Find the username and password input fields
        WebElement usernameField =
        ➥ driver.findElement(By.id("username"));
        WebElement passwordField =
        ➥ driver.findElement(By.id("password"));

        // Enter the username and password
        usernameField.sendKeys("your-username");
        passwordField.sendKeys("your-password");

        // Submit the login form
        driver.findElement(By.id("login-button")).click();

        // Wait for the page to load
        // You can use an explicit wait here to ensure the page is
        ➥ fully loaded

        // Verify the login success by checking for a specific
        ➥ element on the next page
        WebElement welcomeMessage = driver.findElement(By.xpath("//
        ➥ h1[contains(text(),'Welcome')]"));
        if (welcomeMessage.isDisplayed()) {
            System.out.println("Login successful!");
        } else {
            System.out.println("Login failed!");
        }

        // Close the browser
        driver.quit();
    }
}
```

这段代码看起来是正确的，而且理论上可以编译成功。但是，如果我们希望将这段代码引入自动化框架中，还需要考虑以下问题：需要修改哪些内容才能让它适用于我们的待测产品？我们可能需要进行以下操作。

- 删除 Driver 的实例化，使用我们自己的驱动程序工厂。
- 通过更新 driver.get 来确保指向正确的应用程序。
- 将 findElements 方法移至相关的 Page 对象中。
- 更新元素选择器，确保它使用与我们产品一致的选择器。
- 更新断言以满足我们的假设。

不知不觉中，我们已经替换了 ChatGPT 建议的几乎所有代码，这让我们感觉效率没有得到有效提升。这是因为，虽然 ChatGPT 和 Copilot 等工具可以按需快速生成代码，但它们缺乏系统的上下文。也就是说，如果要求这些工具在几乎没有输入上下文的情况下生成自动检查，那么结果就是需要大量的代码返工。相反，我们希望采取一种更具共生性的方法，有针对性地使用 AI 工具来帮助我们完成创建自动化 UI 检查的特定任务。

图 7.1 分解了常见的 UI 层自动检查所包含的各种组件。

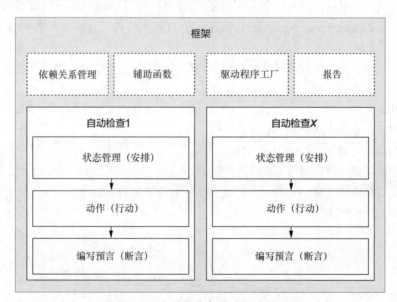

图 7.1 UI 自动检查各组成部分的图示

正如我们所看到的，自动检查涉及多个关键组件：从处理自动检查的依赖关系和报告的框架本身，到自动检查为创建状态、与 UI 交互以及针对预期进行断言而开展的各种活动。这些活动的每一部分都可以使用 AI 来引导，因此，与其试图依靠 AI 来一次性创建完整的自动化测试，不如在构建和维护自动检查的整个过程中专注于特定任务，并使用 LLM 来加快各个环节。

AI 与录制回放工具的比较

　　一个常见的问题是，使用 AI 与录制回放工具在记录我们的操作并将其转换为代码的能力方面有何不同。如果我们使用 LLM 来生成自动检查，那么两者之间的差异并不显著。事实上，录制回放工具在某些情况下可能更具优势，因为它们在录制过程中会与系统进行交互，从而能够隐式地了解产品的上下文和规则。

　　不过，录制回放工具的局限性在于，当它遇到更复杂的框架时，这些框架将使用 Page 对象和屏幕播放模式（Screenplay）等方法进行排列，以提高其可维护性。录制回放工具倾向于将生成的代码作为独立运行的脚本输出，与其他测试脚本分开。当需要将该脚本集成到现有的框架中时，往往需要对初始脚本进行大幅修改和重构，这又回到了最初的问题，即创建 UI 自动化 UI 检查的进度缓慢。

　　本章建议我们在特定场景下，针对具体操作使用 LLM 进行辅助代码生成。当我们需要快速创建 Page 对象时，LLM 可以有效地帮助我们完成这项任务：其生成的代码可以快速集成到更复杂的自动化框架中，而且只需最少的返工。

　　为了演示这一过程，让我们来看看如何在自动化工作流程中使用 Copilot 和 ChatGPT 等 AI 工具，选择这些工具可以协助我们完成具体操作，针对一个 Demo 网站（住宿和早餐预订网站 Demo：https://automationintesting.online）构建一个自动化检查，旨在实践各种测试和自动化活动。

　　在这个示例中，我们将检查网站的管理模块是否显示了某条信息。为了完成这个任务，我们需要编写以下步骤。

　　（1）启动浏览器。

　　（2）访问 automationintesting.online。

　　（3）填写主页上的"Contact Us"表单。

　　（4）前往网站的管理模块（Admin）并登录。

　　（5）加载信息模块（Message），并验证已创建的信息是否正确展示。

　　图 7.2 描述了这个过程。

　　1.完成"Contact Us"表单　　　2.作为管理员登录　　　3.验证消息展示

图 7.2　要创建的 UI 自动检查示意图

　　虽然这个示例本身并不惊艳，但我们将了解到，在完成每个步骤时，我们都可以使用 AI 工具来加快工作进度。作为参考，你可以根据"资源与支持"页中的指引查看为本示例生成的代码。

设置 Copilot

　　本章假定你已在 IDE 中安装并配置了 Copilot 插件。如果你尚未完成配置，可以在附录 B 中找到安装说明。

活动 7.1

　　按照本章示例的操作步骤查看是否可以生成类似的自动检查。请注意，ChatGPT 和 Copilot 的输出结果可能与下面示例中的不同。

7.1.1　设置项目

　　我们将用 Java 来编写本节中的示例，它是展示 AI 工具使用价值的理想语言，因为 Java 通常需要依赖大量样板代码（LLM 可以帮助我们快速生成这些模板代码）。首先，我们需要创建一个新的 Maven 项目，项目创建后，将以下依赖项添加到 `pom.xml` 文件中：

```
<dependencies>
    <dependency>
        <groupId>org.junit.jupiter</groupId>
        <artifactId>junit-jupiter-engine</artifactId>
        <version>5.9.2</version>
        <scope>test</scope>
    </dependency>
    <dependency>
        <groupId>org.seleniumhq.selenium</groupId>
        <artifactId>selenium-java</artifactId>
        <version>4.9.1</version>
        <scope>test</scope>
    </dependency>
    <dependency>
        <groupId>io.github.bonigarcia</groupId>
        <artifactId>webdrivermanager</artifactId>
        <version>5.5.3</version>
        <scope>test</scope>
    </dependency>
</dependencies>
```

　　现在，我们已经具备了开发自动检查所需的一切条件。

　　在配置完所需的依赖关系后，我们就可以创建必要的包（com.example），以及 Test 类（将其命名为 MessageTest）。从这里开始，我们就可以使用 Copilot 来构建自动检查了，但还需要为 Copilot 提供一些提示信息来开始这个过程。因此，我们首先在 MessageTest 类中声明一个 WebDriver 变量：

```
private static WebDriver driver;
```

　　然后是代码注释：

```
// 使用 WebDriverManager 下载驱动程序二进制文件
// 并为我们启动浏览器
```

以上代码和注释的组合足以作为一个提示词触发 Copilot 返回以下代码：

```
public static void setupClass() {
    WebDriverManager.chromedriver().setup();
}
```

这是一个良好的开端，但缺少了驱动程序实例化和 @BeforeAll 注解，我们可以将它添加到 WebDriverManager 调用下面的一行：

```
driver = new ChromeDriver();
```

这样就有了下面的 @BeforeAll：

```
@BeforeAll
public static void setupClass() {
    WebDriverManager.chromedriver().setup();

    driver = new ChromeDriver();
}
```

是否调整提示词：做出高效的选择

使用提示词生成所需输出的另一个注意事项是，为了生成正确的输出而多次调整提示词虽然很有吸引力，但这往往会耗费大量时间。在前面的例子中，代码注释不够清晰，可能导致 Copilot 无法生成我们所需的完整代码片段。这时，我们可以选择改进提示词或添加所需的代码缺失部分。在这种情况下，直接添加所需的代码是合理的。如果我知道自己需要的是什么，不断调整提示词就会造成时间浪费。然而，如果我对所需内容的了解不够深入，那么更好的选择是进一步调整提示词。总之，在特定情境下能够做出正确的决策，才能提高效率。

@BeforeAll 注解已经就位，接下来我们需要创建一个用于退出并关闭浏览器的实例，只需添加 Java 注解：

```
@AfterAll
```

引导 Copilot 返回：

```
public static void teardown() {
    driver.quit();
}
```

第二个提示词可以说比第一个更加准确，因为我们为 Copilot 提供了更丰富的上下文信息。在代码库中添加的内容越多，Copilot 就越有可能准确地生成我们所需的内容。最后，为了验证是否一切正常，让我们添加一个基础的 @Test 来确保一切都正常运行：

```
@Test
public void testMessageIsCreated() {
    driver.get("https://automationintesting.online");
}
```

到目前为止，一切进展顺利。在 Copilot 的辅助下，我们成功构建了项目和初始测试。我们还观察到，最初，Copilot 缺乏帮助推荐正确代码细节的能力。但随着开发的进行，我们观察到其准确性不断提高。这是一个良好的开端，现在让我们看看 ChatGPT 等工具如何帮助我们进一步加快工作进度。

7.1.2　利用 ChatGPT 辅助创建初始校验

具备框架之后，我们可以将注意力转向验证主页上的"Contact Us"表单。为了更好地理解我们的工作内容，请参见图 7.3。

图 7.3 中展示了多个需要填写的表单字段和一个提交按钮，我们需要将所有内容编入自动检查中。为此，我们需要创建一个 Page 对象来记录每个元素，并在检查中使用它来填充和提交表单。这个过程非常烦琐（我个人认为这个过程既耗时又乏味，而这正是第 1 章中探讨的情绪触发因素）。那么，怎样才能加快创建 Page 对象的过程呢？我们可以使用 Copilot 来帮助我们编写类代码，但为每个元素识别每个 CSS 选择器的过程仍然需要耗费大量时间。作为替代，让我们看看如何使用 ChatGPT 中的提示词快速创建 Page 对象。

图 7.3　待测试网站上的"Contact Us"表单

首先，我们来看看可以用来引导 ChatGPT 生成 Page 对象的提示词（该提示词可以直接复制粘贴到 ChatGPT）。我们用分隔符策略来设置指令：

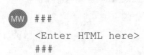 你是 Java 开发专家。请使用 `PageFactory` 库和 `@FindBy` 注解，将由三个#号分隔的 HTML 文档转换为 Java Selenium 的 Page 对象。

我们在分隔部分提供 HTML 文档：

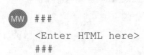
```
###
<Enter HTML here>
###
```

对提示词进行分析后，我们可以将其结构分解为以下两个部分。

- 开始时的明确指示，告知 ChatGPT 我们想要实现的目标。
- 一个约束列表，明确说明我们对 ChatGPT 的期望，说明在创建 Page 对象时我们希望明确使用哪些库和方法。

要创建 Page 对象，需要使用刚才的提示词，并在底部添加联系表单中的 HTML，然后将它粘贴到 ChatGPT 中。同样，你也可以使用 GitHub 上已创建的提示词：

```
MW  <form>
        <div class="input-group mb-3">
          <div class="input-group-prepend">
            <span class="input-group-text" id="basic-addon1">
              <span class="fa fa-id-card"></span>
            </span>
          </div>
          <input type="text" data-testid="ContactName"
          ➥ class="form-control" placeholder="Name" aria-label="Name"
          ➥ id="name" aria-describedby="basic-addon1">
        </div>
        <div class="input-group mb-3">
          <div class="input-group-prepend">
            <span class="input-group-text" id="basic-addon1">
              <span class="fa fa-envelope"></span>
            </span>
          </div>
          <input type="text" data-testid="ContactEmail"
          ➥ class="form-control" placeholder="Email" aria-label="Email"
          ➥ id="email" aria-describedby="basic-addon1">
        </div>
        <div class="input-group mb-3">
          <div class="input-group-prepend">
            <span class="input-group-text" id="basic-addon1">
              <span class="fa fa-phone"></span>
            </span>
          </div>
          <input type="text" data-testid="ContactPhone"
          ➥ class="form-control" placeholder="Phone" aria-label="Phone"
          ➥ id="phone" aria-describedby="basic-addon1">
        </div>
        <div class="input-group mb-3">
          <div class="input-group-prepend">
            <span class="input-group-text" id="basic-addon1">
              <span class="fa fa-envelope"></span>
            </span>
          </div>
          <input type="text" data-testid="ContactSubject"
          ➥ class="form-control" placeholder="Subject" aria-label="Subject"
          ➥ id="subject" aria-describedby="basic-addon1">
        </div>
        <div class="input-group">
          <div class="input-group-prepend">
            <span class="input-group-text">Message</span>
          </div>
          <textarea data-testid="ContactDescription" class="form-control"
          ➥ aria-label="Description" id="description" rows="5"></textarea>
        </div>
        <br>
        <button type="button" class="btn btn-outline-primary float-right"
        ➥ id="submitContact">Submit</button>
    </form>
```

在 ChatGPT 中输入该提示词后，针对 Page 对象产生了以下代码：

```java
import org.openqa.selenium.WebDriver;
import org.openqa.selenium.WebElement;
import org.openqa.selenium.support.FindBy;
import org.openqa.selenium.support.PageFactory;

public class ContactFormPage {

    // WebDriver instance
    private WebDriver driver;

    // Constructor to initialize the PageFactory
    public ContactFormPage(WebDriver driver) {
        this.driver = driver;
        PageFactory.initElements(driver, this);
    }

    // WebElements for the form fields
    @FindBy(id = "name")
    private WebElement nameInput;

    @FindBy(id = "email")
    private WebElement emailInput;

    @FindBy(id = "phone")
    private WebElement phoneInput;

    @FindBy(id = "subject")
    private WebElement subjectInput;

    @FindBy(id = "description")
    private WebElement descriptionTextarea;

    @FindBy(id = "submitContact")
    private WebElement submitButton;

    // Methods to interact with the form
    public void enterName(String name) {
        nameInput.sendKeys(name);
    }

    public void enterEmail(String email) {
        emailInput.sendKeys(email);
    }

    public void enterPhone(String phone) {
        phoneInput.sendKeys(phone);
    }

    public void enterSubject(String subject) {
        subjectInput.sendKeys(subject);
    }
```

```
public void enterDescription(String description) {
    descriptionTextarea.sendKeys(description);
}

public void clickSubmitButton() {
    submitButton.click();
}
}
```

ChatGPT 通过一个简单的提示词就能够快速生成一个包含完成和提交联系表单所需的所有必要方法的类。在这个示例中，类的规模相当小，但在实际项目中，Page 对象的规模通常会相当大。编写和维护 Page 对象所需的时间与其数量成正比。因此，通过使用 ChatGPT 为我们快速生成代码，我们可以更快地继续开发自动检查。

> **软件可测试性与 AI 工具**
>
> 产品的可测试性对 AI 工具的有效性至关重要。为"Contact Us"表单创建 HTML 的方式可以说具有很高的可测试性。HTML 在结构上是清晰的，而且在 input 和 textarea 元素中包含了明确、稳定的 HTML 属性，ChatGPT 可以预测将这些属性放入创建的类中。但是，如果我们使用的 HTML 结构较为复杂，需要使用更复杂的选择器来定位元素（例如，自动生成的 ID 或 HTML 元素的缺失），那么 AI 工具的生成能力可能会受到限制，导致生成的代码无法完全满足测试需求，这就需要我们更新和调整 Page 对象，以更好地满足我们的需求。

创建好 Page 对象后，我们就可以返回 MessageTest，用 Tab 键选择 Copilot 的建议，创建"Contact Us"表单填写代码：

```
ContactFormPage contactFormPage = new ContactFormPage(driver);
contactFormPage.enterName("John Smith");
contactFormPage.enterEmail("test@email.com");
contactFormPage.enterPhone("0123456789");
contactFormPage.enterSubject("Testing");
contactFormPage.enterDescription("This is a test message");
contactFormPage.clickSubmitButton();
```

Copilot 已经读取了我们的对象，并帮助我们生成填写表单的代码。尽管它可以读取 ContactFormPage 中存在的方法并预测下一步的操作，但它缺乏对每个表单字段进行验证规则的上下文，这将影响它创建的测试数据。在第 6 章中，测试数据是根据预期规则准确设置的，但这里由于 Copilot 无法完全理解每个字段的验证要求，它生成的测试数据可能会过于泛化，这会导致问题。例如，电话号码字段的验证规则要求输入 11 位或更多数字，因此我们实例中预测的测试数据会导致自动检查失败。因此，让我们使用能通过电话号码验证的数据来更新 enterPhone 参数：

```
contactFormPage.enterPhone("07123456789");
```

用户信息提交之后，我们将继续实现管理员登录功能。这可以通过类似于之前的步骤来完成。首先，我们需要编写代码以访问管理员页面：

```
driver.get("https://automationintesting.online/#/admin/");
```

然后，回到当前与 ChatGPT 的聊天中，我们可以重复使用之前的提示词，为管理员登录页
面创建一个 Page 对象，这次只需引用最初的提示词，并提供新的 HTML 文件，以生成我们的类：

(MW) 再次按照之前的提示词，但这次需要使用以下 HTML 文件：

```
<div class="col-sm-4">
    <div class="form-group">
        <input data-testid="username" type="text"
        ➡ style="border: 1px solid grey;" class="form-control"
        ➡ id="username"
        ➡ placeholder="Username">
    </div>
    <div class="form-group">
        <input data-testid="password" type="password"
        ➡ style="border: 1px solid grey;" class="form-control"
        ➡ id="password"
        ➡ placeholder="Password">
    </div>
    <button type="submit" data-testid="submit" id="doLogin"
    ➡ class="btn btn-primary float-right">Login</button>
</div>
```

这将产生以下 LoginPage 代码，供我们添加到自动化项目中：

```
import org.openqa.selenium.WebDriver;
import org.openqa.selenium.WebElement;
import org.openqa.selenium.support.FindBy;
import org.openqa.selenium.support.PageFactory;

public class LoginPage {

    // WebDriver instance
    private WebDriver driver;

    // Constructor to initialize the PageFactory
    public LoginPage(WebDriver driver) {
        this.driver = driver;
        PageFactory.initElements(driver, this);
    }

    // WebElements for the form fields
    @FindBy(id = "username")
    private WebElement usernameInput;

    @FindBy(id = "password")
    private WebElement passwordInput;
    @FindBy(id = "doLogin")
    private WebElement loginButton;
```

```
    // Methods to interact with the form
    public void enterUsername(String username) {
        usernameInput.sendKeys(username);
    }

    public void enterPassword(String password) {
        passwordInput.sendKeys(password);
    }

    public void clickLoginButton() {
        loginButton.click();
    }
}
```

接下来，我们将在代码中创建 LoginPage 类，并修复所有缺失的依赖包，然后回到 MessageTest，使用 Tab 键接受 Copilot 的建议来创建登录步骤，结果如下：

```
LoginPage loginPage = new LoginPage(driver);
loginPage.enterUsername("admin");
loginPage.enterPassword("password");
loginPage.clickLoginButton();
```

最后，我们可以再执行一轮循环，使用 ChatGPT 和 Copilot 来完成自动化测试。首先，添加必要的代码以导航到消息页面：

```
driver.get("https://automationintesting.online/#/admin/messages");
```

然后，创建最终的 Page 对象，这次修改输入 ChatGPT 的提示词，创建一个返回消息计数的方法：

再次按照提示词，这次我需要一个返回消息计数的方法：

```html
<div class="messages">
    <div class="row">
        <div class="col-sm-2 rowHeader">
            <p>Name</p>
        </div>
        <div class="col-sm-9 rowHeader">
            <p>Subject</p>
        </div>
        <div class="col-sm-1"></div>
    </div>
    <div class="row detail read-false" id="message0">
        <div class="col-sm-2" data-testid="message0">
            <p>James Dean</p>
        </div>
        <div class="col-sm-9" data-testid="messageDescription0">
            <p>Booking enquiry</p>
        </div>
        <div class="col-sm-1">
            <span data-testid="DeleteMessage0" class="fa fa-remove
roomDelete"></span>
        </div>
```

```
    </div>
</div>
```

它返回以下 MessagePage 类：

```
import org.openqa.selenium.WebDriver;
import org.openqa.selenium.WebElement;
import org.openqa.selenium.support.FindBy;
import org.openqa.selenium.support.PageFactory;

import java.util.List;

public class MessagePage {

    @FindBy(className = "detail")
    private List<WebElement> messageList;

    public MessagePage(WebDriver driver) {
        PageFactory.initElements(driver, this);
    }

    public int getMessageCount() {
        return messageList.size();
    }
}
```

像之前一样，我们在代码库中创建 MessagePage 类，修正导入的依赖，然后回到
MessageTest，让 Copilot 生成以下断言代码，完成自动检查：

```
MessagePage messagePage = new MessagePage(driver);
assert messagePage.getMessageCount() == 1;
```

7.1.3　从生成的代码中填补空白

这样我们就完成了自动检查，但如果运行这段代码，很可能会导致自动检查失败。出现失
败的原因是，在获取消息计数时，我们必须等待计数加载完成，而我们的自动检查中缺少这一
步。虽然这次失败与之前 Copilot 添加错误测试数据的情况不同，但造成当前问题的原因是相
似的。ChatGPT 会根据提示词和提供的 HTML 文件生成我们需要的代码。但是，它无法理解系
统的哪些部分可能需要等待，以防止自动检查失败。不过，我们可以回到 ChatGPT 并提交提示
词，从而解决这个问题：

　　能否改进 MessagePage 类，让它等待消息列表加载完成？

ChatGPT 以优化版的 MessagePage 作为回复：

```
private WebDriver driver;
private WebDriverWait wait;

@FindBy(className = "detail")
```

```
private List<WebElement> messageList;

public MessagePage(WebDriver driver) {
    this.driver = driver;
    // Adjust the timeout as needed
    this.wait = new WebDriverWait(driver, 10);
    PageFactory.initElements(driver, this);
}

public int getMessageCount() {
    wait.until(ExpectedConditions.visibilityOfElementLocated(
      By.className("detail")));

    return messageList.size();
}
```

这是在改进自动检查方面向前迈出的一步，但也再次证明了 ChatGPT 在较旧版本的库和 API 上进行训练的局限性。如果将这段代码复制到检查中，就会发现 WebDriverWait 会出错，因为当前版本不再接收整数类型的参数了——这是 ChatGPT 在 Selenium 代码库上接受训练后出现的变化。因此，我们需要更新 WebDriverWait，改用 Duration 参数：

```
this.wait = new WebDriverWait(driver, Duration.ofSeconds(10));
```

最后，为了改进从自动测试中获得的反馈，我们将更新 Copilot 建议的断言，以提高其可读性：

```
assertEquals(1, messagePage.getMessageCount());
```

通过这些修改，假设平台上没有额外的消息，我们就可以运行检查并确保它成功通过了。
需要特别注意的是，如何使用 Copilot 和 ChatGPT 来快速构建自动检查。我们没有向 ChatGPT 发送下面这样的提示词：

> ⓂⓌ 为 "Contact Us" 表单创建自动测试并检查是否已创建消息。

因为这种方法可能会产生一个需要大量修改的通用输出。我们使用 Copilot 和 ChatGPT 完成了自动检查的每一步，快速创建了局部测试，并在不同工具间切换，以帮助我们解决特定问题。我们回到影响域模型，图 7.4 总结了这种方法。

该模型表明，如果我们能够识别自动检查中出现的具体操作(如确定检查需要什么状态或做出什么断言)，就可以有效地使用 LLM 来处理

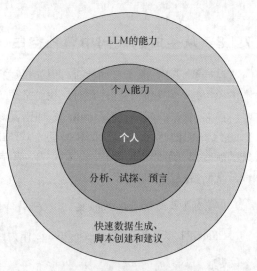

图 7.4   展示个人和工具在开发自动检查中的能力的影响域模型

这些操作。如示例所示，ChatGPT 和 Copilot（以及其他 LLM 工具）在预测和自动生成代码方面的速度快得惊人。但是，它们无法访问我们正在自动化的产品的上下文。因此会面临测试数据错误和等待缺失等问题，需要测试人员主导自动化的创建，而 AI 工具只能在我们最需要的地方提供支持。

活动 7.2

使用 Copilot 和 ChatGPT 为 https://automationintesting.online 创建自己的自动检查。这一次，请创建一个自动检查，执行以下操作。

- 登录网站的管理模块。
- 创建一个新房间。
- 验证新创建的房间是否出现在主页上。

使用示例中提供的提示词来生成你自己的 Page 对象，或者创建你自定义的提示词，这样可能会更有针对性。

7.2 改进现有的 UI 自动化

7.1 节的示例展示了如何利用 LLM 工具快速创建新的自动化检查，但现有的检查又如何呢？使用自动化意味着要处理由于测试产品的不稳定性或快速变化而失败的自动化检查。LLM 工具如何帮助我们快速改进自动化，同时确保它们仍能为研发流程提供价值？让我们回到刚刚创建的自动化检查，并探讨 LLM 的使用模式如何帮助我们创建更强大的自动化检查。

7.2.1 更新状态管理以使用适当的层

如果我们评估一下自动检查的重点，就会发现其目标是检查能否在管理员模块中看到消息。针对这一目标，使用 UI 进行消息创建并非最佳选择，因为这种方式不仅执行效率低，而且容易受到界面不稳定的影响。因此，让我们来看看如何通过 API 调用来创建消息，从而改进自动检查，并学习如何使用 LLM 来构建 API 调用。

我们的目标是记录通过"Contact Us"页面创建消息时发送的 HTTP 请求，并将它编入自动测试。因此，第一步是按照以下步骤，以 `curl` 命令的形式记录 HTTP 请求：

(1) 在浏览器中打开"开发者工具"（Dev Tools）。

(2) 选择网络（Network）选项卡。

(3) 通过 UI 中的"Contact Us"表单手动提交信息。

(4) 在网络（Network）选项卡中找到相应的 HTTP 请求，然后将请求复制到 `curl` 命令（右击 Dev Tools 中的请求）。

找到命令后，我们就可以再次复用这个提示词，使用下面的提示词将 `curl` 请求转换为所需的 Java 代码。我们首先为提示词设置指令，并使用分隔符策略：

使用以下规则，将以下以三个#号分隔的 curl 请求转换为 Java 代码：

1 将 HTTP 请求封装在一个方法中。

2 该方法将使用 Spring 框架发送 HTTP 请求。

3 HTTP 响应无须解析。

4 该方法将把表示 HTTP 有效载荷的 POJO 作为参数。

我们在分隔的部分提供了 curl 请求：

```
###
curl 'https://automationintesting.online/message/' -X POST -H
➡ 'Accept: application/json' -H 'Content-Type: application/json'
➡ --data-raw '{"name":"Mark","email":"test@test.com",
➡ "phone":"071234567890","subject":"This is a test message",
➡ "description":"This allows me to create a message rapidly"}'
###
```

与创建 Page 对象时使用的提示词类似，该提示词在首句中明确列出了我们希望 ChatGPT 执行的任务，然后添加了具体说明，以帮助 ChatGPT 预测生成符合要求的代码。例如，通过明确要求方法的请求体参数采用 POJO（Plain Old Java Object，普通 Java 对象）格式，确保 ChatGPT 生成的是基于 Java 类构建的有效载荷，而不是将数据以难以解析和维护的大型 JSON 字符串形式存储。将该提示词与添加到提示词底部的 curl 请求一起传入，ChatGPT 将生成如下代码：

```java
import org.springframework.http.HttpHeaders;
import org.springframework.http.HttpMethod;
import org.springframework.http.MediaType;
import org.springframework.http.RequestEntity;
import org.springframework.web.client.RestTemplate;

public class HttpRequestSender {
    public void sendRequest(MessagePayload payload) {
        // Create a RestTemplate instance
        RestTemplate restTemplate = new RestTemplate();

        // Set the request URL
        String url = "https://automationintesting.online/message/";

        // Set the request headers
        HttpHeaders headers = new HttpHeaders();
        headers.set(HttpHeaders.ACCEPT,
        ➡ MediaType.APPLICATION_JSON_VALUE);
        headers.set(HttpHeaders.CONTENT_TYPE,
        ➡ MediaType.APPLICATION_JSON_VALUE);

        // Create the request entity with the payload and headers
        RequestEntity<MessagePayload> requestEntity = new
        ➡ RequestEntity<>(
                payload,
                headers,
```

```
                    HttpMethod.POST,
                    URI.create(url)
        );

        // Send the HTTP request
        restTemplate.exchange(requestEntity, Void.class);
    }
}
```

这段预测生成的代码需要在项目中引入新的依赖项，我们可以通过以下提示词向 ChatGPT 申请添加：

 此方法需要哪些依赖项？

ChatGPT 返回的结果如下：

```
<dependency>
    <groupId>org.springframework.boot</groupId>
    <artifactId>spring-boot-starter-web</artifactId>
    <version>2.5.0</version>
</dependency>
```

然后，我们可以将依赖关系添加到 pom.xml 中，确保使用的是最新版本，接着将 HTTP 请求代码复制到框架中名为 requests 的新包中。为了更好地管理代码，我选择将 HttpRequestSender 类重命名为 MessageRequest。

这一系列操作为我们提供了发送请求所需的代码，但因为我们告知 ChatGPT，sendRequest 方法需要接收一个 POJO 类型的请求报文，所以接下来我们需要 ChatGPT 创建代码来构建 POJO。为此，我们回到 ChatGPT 的当前对话，并添加以下提示词：

为 MessagePayload 创建 POJO，包括构造方法、getter 和 setter 方法。

该提示词明确指出，我们需要生成构造方法以及 getter/setter 方法，以便正确地创建和发送 HTTP 请求。将该提示词发送到 ChatGPT，生成以下代码：

```
public class MessagePayload {
    private String name;
    private String email;
    private String phone;
    private String subject;
    private String description;

    public MessagePayload() {
    }

    public MessagePayload(String name, String email, String phone,
    String subject, String description) {
        this.name = name;
        this.email = email;
        this.phone = phone;
```

```
            this.subject = subject;
            this.description = description;
        }

        public String getName() {
            return name;
        }

        public void setName(String name) {
            this.name = name;
        }

        public String getEmail() {
            return email;
        }

        public void setEmail(String email) {
            this.email = email;
        }

        public String getPhone() {
            return phone;
        }

        public void setPhone(String phone) {
            this.phone = phone;
        }

        public String getSubject() {
            return subject;
        }

        public void setSubject(String subject) {
            this.subject = subject;
        }

        public String getDescription() {
            return description;
        }

        public void setDescription(String description) {
            this.description = description;
        }
    }
```

因为我们在初始提示词中提供了 curl 请求，所以 ChatGPT 可以根据该信息预测出 POJO 的代码结构，用于创建通过 HTTP 发送的消息，然后将它复制到项目 requests 包中的 MessagePayload 类中。

在成功创建消息有效载荷并向 POST /message/ 发送请求后，我们就可以回到 MessageTest 类，使用 Copilot 来改进我们的检查。首先，我们需要删除检查中的以下部分：

```
driver.get("https://automationintesting.online");

ContactFormPage contactFormPage = new ContactFormPage(driver);
contactFormPage.enterName("John Smith");
contactFormPage.enterEmail("test@email.com");
contactFormPage.enterPhone("07123456789");
contactFormPage.enterSubject("Testing");
contactFormPage.enterDescription("This is a test message");
contactFormPage.clickSubmitButton();
```

并且开始输入 MessagePayload，触发 Copilot 添加以下代码作为替代：

```
MessagePayload messagePayload = new MessagePayload();
messagePayload.setName("Test User");
messagePayload.setEmail("test@email.com");
messagePayload.setPhone("0123456789");
messagePayload.setSubject("Test Subject");
messagePayload.setDescription("Test Description");

MessageRequest messageRequest = new MessageRequest();
messageRequest.sendRequest(messagePayload);
```

与我们使用 Copilot 生成代码以便在 UI 中创建消息的情况类似，首次运行该自动检查将会失败。此时，该检查运行后会收到 400 状态码，这是因为自动生成的测试数据不符合校验规则。因此，为确保信息符合必要的校验规则，我们需要使用正确的测试数据更新以下方法：

```
messagePayload.setPhone("074123456789");
messagePayload.setDescription("Test Description that is larger");
```

更新这些测试参数后，我们就能看到自动检查再次成功通过。

这个示例说明，可以使用 LLM 工具来帮助我们更新自动检查的特定方面，从而使它更加健壮，但这需要我们有很强的分析能力，能够识别出需要改进的检查项。这是因为我们对自动检查和被测系统都有一定的了解，而我们目前使用的工具却缺乏这方面的知识。例如，如果我们向 ChatGPT 提供以下提示词：

> 🅜🅦　建议如何改进该自动测试，使它不那么容易出错。

然后将我们的自动检查代码添加到提示词中，以下是返回的建议（小结）：

- 增加显式等待
- 使用稳定的定位器
- 处理异步操作
- 隔离测试
- 重试失败的操作
- 检查错误条件
- 检查并更新测试环境

这些都是合理的考虑因素，但它们往往过于笼统了，并不一定能为我们提供足够的信息来解决具体问题。因此，我们设计了改进过程，借助工具帮助我们快速生成必要的代码。

> 活动 7.3
>
> 使用 ChatGPT 和 Copilot，尝试将登录过程也转换成 API 调用。在这个活动中，你需要创建代码实现以下功能。
>
> - 通过 POST /auth/login 发送凭证。
> - 从 HTTP 响应中提取 token 值。
> - 将 token 值作为 cookie 保存在浏览器中，然后前往消息页面。

7.2.2　熟练使用 AI 工具

本章的核心观点是，无论我们是在构建 UI 自动化、API 自动化，还是其他类型的自动化任务，AI 的成功应用模式始终是相同的。我们对自动化检查的设计和结构有了深入理解，就能知道在何时何地使用 AI 工具来帮助我们完成特定任务，从而创建和维护有价值的自动化。尽管 AI 自动化的市场营销会让我们相信，AI 参与后我们在创建自动化测试中的作用将大幅降低。但是，如果希望自动化能帮助我们创建高质量的产品，那么最好的做法就是与 AI 工具建立良好的协同关系，将我们的专业技能置于工作的核心位置。

小结

- 完全依赖 ChatGPT 这样的工具来生成整个 UI 自动化测试可能会导致大量返工。作为替代，我们希望在 UI 自动化流程的特定阶段选择性地使用 AI 工具。
- 使用 Copilot 等工具开始一个新项目，产生的结果不一定符合预期。
- 我们为项目添加的细节越多，Copilot 的准确性就越高。
- 通过精准地使用提示词，我们可以在 ChatGPT 中快速生成 Page 对象，只需提供 HTML 和转换说明即可。
- 结合 ChatGPT 和 Copilot（或类似工具），我们可以快速生成自动检查。
- AI 工具的输出并非 100% 准确，因为它缺乏上下文，例如测试数据或依赖包版本过低。
- 在创建自动检查时，AI 工具的成功与否关键在于辅助测试过程中的特定任务。
- 我们主导创建过程，明确何时运用 AI 工具可以加速任务的完成。
- 如果我们能够识别自动检查中特定元素的改进方法，就可以使用 AI 工具来加快改进速度。
- 如果请 LLM 评估我们的检查并提出改进意见，通常会得到泛泛的建议。
- 我们可以在自动检查的特定任务中使用同样的 AI 工具来维护它们。

第 8 章　利用 AI 辅助探索性测试

本章内容包括

■ 使用 LLM 增强探索性测试准则的创建。

■ 确定 LLM 在探索性测试中的使用场景机会。

■ 使用 LLM 辅助探索性测试过程中的各类活动。

■ 使用 LLM 总结探索性测试报告。

到目前为止，我们已经探讨了大模型（LLM）如何帮助我们完成一系列测试活动和算法相关组件。代码和数据生成等活动具有特定的语法和格式规则，并具有一定程度的可重复性，这与 LLM 的能力高度契合。那么，对于那些更多基于启发式的测试活动，如探索性测试，情况又如何呢？当我们人工执行测试时，LLM 如何为我们提供支持？必须重申的是，LLM 不能取代测试或测试人员，但通过结合探索性测试与提示词工程，我们可以在不削弱探索性测试核心价值的前提下，有选择性地增强其探索能力。为此，我们将深入研究探索性测试的以下三个关键环节，并分析 LLM 在这些环节中如何提供帮助：使用准则组织探索性测试、执行探索性测试以及报告我们的发现。

算法式和启发式活动的区别

如果我们把一项活动称为基于启发式的活动，就说明这项活动没有明确的执行步骤，或难以形成标准化流程；而算法式活动在本质上更程序化，可以明确定义。就软件测试而言，测试用例和脚本在本质上可视为算法式的，相较之下，探索性测试则是一种启发式的活动，因为它依赖于测试人员的观察力、分析能力和判断力，进而决定下一步的行动。

8.1　使用 LLM 组织探索性测试

本节将探讨如何使用 LLM 来帮助我们组织和生成探索性测试的准则。探索性测试通常依赖具体的测试准则来指导每次测试活动，例如：

MW　探索不同供应商的航班预订，以检查是否所有供应商都显示在结果中。

在这个准则示例中，我们遵循 Elisabeth Hendrickson 在其著作 *Explore It*（由 Pragmatic Bookshelf 出版）中提出的准则模板：

MW　探索<目标>
　　　使用<资源>
　　　以发现<信息>

根据这些准则，我们可以明确探索性测试的重点和不需要关注的内容。我们的想法是制定多个不同的准则，从不同的角度（尤其是风险角度）来探索系统的功能和产品设计。在生成测试准则时，理想的做法是从风险中推导出准则，这样当我们根据准则进行探索性测试时，就能知道以下 3 点。

- 测试准则条目的优先级排序（风险越高，优先级越高）。
- 哪些风险已被探索，哪些尚未被探索。
- 我们可以从每次探索性测试中获得什么价值。

图 8.1 展示了风险、测试准则和探索性测试会话之间的关系。

图 8.1　风险、测试准则和探索性测试会话之间关系的图示模型

从该模型中可以看出，我们首先需要识别风险，并将其转换为具体的测试准则，随后，根据这些准则进行多轮探索性测试，以评估我们能够获得的结果。

风险识别和测试准则的制定通常是一种启发式活动，因为目前没有明确的方式或固定的程序来识别风险。它依赖于测试团队成员的批判性和横向思维能力。然而，我们可以将风险按格式转换为测试准则，这种结构化本质上意味着，某些情况下 LLM 可以帮助增强我们的现有技能并扩大我们的覆盖范围。

8.1.1　用 LLM 增强已识别的风险

识别风险是一种基于启发式的活动，因此在这一过程中难免会出现偏差。这意味着，有时我们可能会忽视需要我们关注的潜在风险（例如，功能固定性认知偏差，即我们过于专注于观察某一个事件，而完全忽略了另一个事件）。那么，我们该如何防止出现这些遗漏呢？测试人员需要努力提升自己的专业技能，以接受和处理这些偏差，并利用启发式测试方法来帮助我们在识别风险时改变视角。此时，我们也可以使用 LLM 作为辅助工具，帮助我们从不同角度来思考，从而识别出我们未曾考虑到的潜在风险。

为了展示 LLM 如何发挥作用，让我们来探讨一个用户故事示例。

- 为了以管理员身份管理我的预订，我希望能够查看所有预订结果。
- 验收标准如下。
  - 如果我是以管理员身份登录的，并且存在多个预订，那么当我加载结果页面时，就会在月历视图中看到我的预订情况，并且所选月份为当前月份。
  - 当我在预订结果页面上单击导航控件时，可以移动到一年中的不同月份。
  - 当我在预订结果页面上单击并拖动多个日期时，会出现一个新的预订表单，其中包含以下字段：名字|姓氏|客房|已付订金|。
  - 当我完成预订表的其他部分后，系统会加载管理员预订弹出窗口，然后重新加载预订结果并显示出更新后的预订信息。

通过举例，该用户故事从用户的角度详细介绍了我们期望该功能如何工作。这种类型的用户故事通常会在规划会议上出现（细节的多少视情况而定），我们会以此为起点，开始讨论如何构建该功能，同样重要的是，我们需要识别可能影响功能质量的风险。通常情况下，测试人员或具备质量意识的团队成员需要花时间提出问题并记下潜在风险，以便进一步分析。例如，一个基本的风险列表可能包含以下项。

- 预订信息未显示在预订结果视图中。
- 预订结果页面难以理解。
- 导航控件无法正常工作。
- 管理员无法提交预订信息。

这是一个很好的开端，但这个列表并不完善，这类似于我们难以识别更多风险的情况，此时，我们可以运用类似下面的提示词来帮助扩展思路。我们在指令中使用分隔符来区分输入的不同数据集：

> (MW) 你是一名专业的软件测试人员。你将收到一份由三个#号分隔的用户故事和一份由三个反引号分隔的已识别风险列表。请分析该用户故事并扩展风险列表。

接下来，我们会引导模型在输出解决方案之前先检查解决方案：

> (MW) 检查所有生成的风险项是否与最初输入的风险项重复，是否与以下质量特性相关：可用性和准确性。

最后，我们提供分隔符标识的数据集：

###

<此处添加用户故事>

###

......

- 预订信息未显示在报告视图中
- 预订结果页面难以理解
- 导航控件无法正常工作
- 管理员无法提交预订信息

......

在这个提示词中提供了三个关键维度的信息，以引导 LLM 生成相关内容。

- 质量特性：质量特性有助于我们定义质量对最终用户的意义。例如，交易平台的质量特性可能与个人助理应用程序的质量特性截然不同。在提示词中加入这些特性，可以帮助我们明确需要重点关注的风险领域，防止 LLM 生成与被测系统无关或我们不关注的幻觉风险。

- 用户故事：我们提供用户故事，为提示词提供上下文。同样，我们对某项功能的预期功能描述得越详细，就越能最大限度地提高 LLM 输出风险的相关性。

- 当前风险：最后，提供已知风险可以防止 LLM 简单地输出我们已识别到的信息。通过要求 LLM 在输出风险之前检查解决方案，我们可以确保输出的风险是尚未识别到的。这并不意味着它所输出的风险更为重要，而是它有助于明确我们未考虑到的潜在问题。

该提示词的目的是引导 LLM 提供更多可纳入我们现有风险列表中的风险项。例如，将该提示词发送至 ChatGPT 会返回以下输出：

可用性风险：

用户困惑：用户可能不容易理解如何访问预订结果页面，从而产生挫败感和糟糕的用户体验。

复杂的日历视图：月度日历视图如果设计不直观，可能会让管理员不知所措或感到困惑，从而影响系统的可用性。

导航控件：如果用于在月份之间移动的导航控件对用户不友好或反应不灵敏，管理员可能会难以导航，从而影响可用性。

预订表单可用性：通过单击和拖动日期生成的新预订表单应该友好、直观。否则，管理员在填写时可能会出错。

缺乏反馈：如果提交新预订后没有反馈或确认信息，管理员可能无法确认预订是否成功，从而影响系统的可用性。

错误处理：错误处理机制不完善，如果系统不能妥善处理预订表单中的边缘情况或无效输入，可能会导致管理员感到困惑和沮丧。

准确性风险：

缺失预订信息：若预订未显示在预订结果页中，可能导致预订结果不完整或不准确，影响数据准确性。

数据完整性：如果系统不能正确验证和保存管理员输入的预订数据，可能会导致预订结果页中的数据不准确。

月份选择不正确：如果预订结果页中显示的默认月份不是当前月份，就会出现准确性问题。

导航不正确：如果导航控制功能与预期不符，管理员可能无法准确导航到所需的月份。

预订结果页刷新后缺少预订信息：如果在完成预订表单提交后，预订结果页中没有出现新的预订信息，则会影响显示数据的准确性。

预订提交失败：如果管理员无法正确提交预订，则会导致系统中的数据不完整或缺失，从而影响数据的准确性。

首先，需要注意的是，ChatGPT 按质量特性对建议的风险项进行了有效分类。其次，可以看到，每个风险项都用了一个简短的句子来进一步解释。这可以帮助我们理解它所输出风险项的来龙去脉，并激发我们思考，从而扩展出更多风险的思路。

从建议的风险列表来看，有些风险项非常有用，而且与我们的用户故事相关，如下。

- 用户困惑。
- 错误处理。
- 预订结果页刷新后缺失预订信息。
- 数据完整性。

进一步分析表明，所展示的一些风险项几乎是相互重复的。例如，可用性类别中的导航控制和准确性类别中的不正确导航风险存在明显重叠（注意，这些风险与我们最初识别的风险项并不重复）。虽然措辞不同，但重点似乎是一样的，即导航控制无法正常工作。新风险存在重复的现象表明，它可以成为风险项扩展和分析的有效工具，但它不能替代风险识别的能力。因此，在审阅了 ChatGPT 生成的风险列表后，我们可以选择将风险列表扩展至以下内容。

- 预订结果页中不显示预订信息。
- 预订结果页难以理解。
- 导航控件无法正常工作。
- 管理员无法提交预订信息。
- 预订结果控件和管理员预订功能的使用方法不明确。
- 错误处理机制不完善。

在最终的风险清单中，我们选择采纳并重新组织了 ChatGPT 提出的一些风险项，而排除了其他不相关的风险项。如果我们对现有清单不满意，可以要求 ChatGPT 返回更多的风险项以供进一步审查。需要注意的是，如果要求 ChatGPT 推荐更多的风险，就会增加 ChatGPT 回复中出现重复的概率，这也是需要权衡的。一旦我们对最终的风险清单感到满意，就可以将其转换为准则，并向 LLM 寻求进一步的思路和帮助。

8.1.2　用 LLM 扩充准则列表

　　确定风险后，我们就可以将其转换为测试准则，用于指导探索性测试。例如，对于以下风险项：

MW　预订信息未显示在预订结果页中。

可以转换为：

MW　探索如何在预订结果页中显示预订情况。
　　使用一组预订数据。
　　以了解是否所有预订都正确显示。

　　该准则帮助我们进一步明确了需要关注的内容、需要使用的工具和希望发现的问题。如前所述，测试准则的设计应遵循清晰的结构，类似于风险识别的方法，我们可以将已经确定的测试准则输入 LLM 中，从而扩展为未来测试中需要遵循的整体准则列表。

　　因此，我们再次创建了一个与之前的风险项提示词类似的提示词。首先，我们提供初始指令和分隔符策略，以明确提示词中哪部分是测试准则：

MW　你是一名专业的软件测试人员。请根据由三个#号分隔的探索性测试准则，给出更多的建议测试准则。

　　然后，我们引导模型在输出之前检查解决方案：

MW　在输出附加测试准则之前，检查所有生成的测试准则是否与最初输入的准则重复，是否与以下质量特性有关：可用性和准确性。

　　以下提示词分隔部分提供了数据集：

MW　###
　　探索如何在预订结果页中显示预订信息
　　使用一组预订数据，以了解是否所有预订信息都正确显示

　　探索如何在预订结果页中显示预订信息
　　使用大量预订数据，以了解大量预订信息在预订结果页中是否易于阅读

探索如何浏览预订结果页

使用一组预订数据，以了解导航控件是否按预期工作

探索预订的提交功能

使用管理员预订表单，以了解管理员是否可以提交预订

探索预订结果页的核心功能

使用不同的用户角色，以了解对于不同用户角色，预订结果页的功能是否都易于理解

探索管理员表单中的不同错误输出

使用无效数据和代理工具，以了解错误是否得到正确处理
###

　　该提示词的结构类似于我们以质量特性及当前已确定的测试准则清单为上下文的结构。每条测试准则都采用相同的模板，因此也呈现出少样本提示词的特点。这意味着，当我们向 ChatGPT 输入提示词时，会得到以下建议的准则：

　　🔵 探索预订结果页的响应

使用具有不同屏幕尺寸的多种设备，以了解预订结果页面是否能很好地适配各种屏幕尺寸。

探索预订结果页的搜索功能

使用各种搜索条件，以了解用户能否准确找到特定预订。

探索预订结果页的日期筛选功能的准确性

使用不同的日期范围和时区，以确保正确显示指定日期范围内的预订信息。

探索管理员预订表单中的用户权限

使用不同的用户角色（管理员、普通用户），以确保只有管理员才能在管理表单中访问和提交预订。

探索预订数据存储的准确性

使用各种数据格式和输入内容提交预订，以验证系统中所有数据存储的准确性。

　　与其他 LLM 的生成结果类似，它返回的结果质量参差不齐。有些测试准则非常适合作为补充准则，如下所示。

- 探索预订结果页面的响应情况。
- 使用不同屏幕尺寸的各种设备。

■ 以了解预订结果页是否能很好地适配不同的屏幕尺寸。

然而，其他准则超出了在预订结果中添加预订信息的范围，需要舍弃。

■ 探索预订结果页的搜索功能。
■ 使用各种搜索条件。
■ 以了解用户能否准确找到特定的预订信息。

这再次说明，LLM 可以帮助我们扩大解决方案的选择范围，发现新的探索方向。但它们并非完美无缺。虽然调整提示词来增加其可靠性肯定会有所帮助，但我们仍然需要决策应该从 LLM 中获取哪些信息，舍弃哪些信息。我们可以再次使用影响域模型来总结这一观点，如图 8.2 所示。

图 8.2　影响域模型展示了 LLM 如何扩展我们的分析

我们需要具备创造性思维能力，能运用横向思维和批判性思维技巧来确定和组织探索性测试，这是最基本的。在这个例子中，当我们没有思路时，LLM 为我们提供了一种新的方法。

活动 8.2

使用"探索""用""以"模板，将活动 8.1 中的风险转换为准则。将它们添加到我们刚刚探讨的提示词中，观察 LLM 会返回哪些建议准则。

8.2　在探索性测试中使用 LLM

我们已经了解了如何使用 LLM 来组织探索性测试。现在，让我们深入探讨如何在探索性测试中有效使用 LLM。

在探索性测试中使用 LLM 之所以如此有价值，是因为在探索性测试过程中可能会涉及各种不同的活动。在一次探索性测试中，既要有技术因素，我们需要依赖工具以特定的方式来操纵系统；也需要有启发式的人为因素，我们运用思维启发法和判断标准来理解我们所获得的信息，并以此为基础指导后续的测试。使用 LLM 可以为这两方面提供支持，因此，为了帮助我们更好地理解在哪些方面可以获得最大价值，让我们来探讨一个探索性测试的用例，其中使用了以下测试准则：

🅜🅦 *探索如何在预订结果页显示预订情况*

使用大量预订数据，以了解大量预订是否易于阅读。

为了更好地理解这个过程的上下文，该过程的目标是测试预订结果页面的渲染效果，如图 8.3 所示。

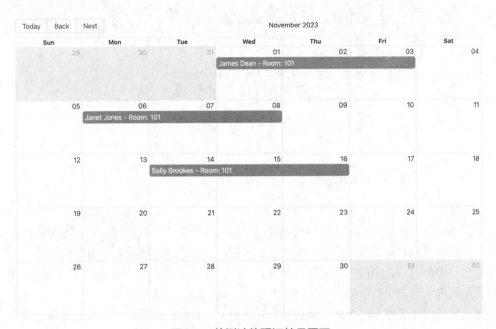

图 8.3 待测试的预订结果页面

预订结果页的日历会显示系统中每间客房的所有预订情况，我们的目标是了解在存在很多预订的情况下它是如何运行的，特别是需要分析这些预订数据如何影响日历的渲染和可用性。这意味着我们需要克服各种挑战，包括理解数据是如何传输到日历组件的、如何快速创建日历，以及我们开展的测试类型与测试准则是否一致。

8.2.1　建立理解

第一个挑战是理解预订结果数据是如何传输到日历组件的，这意味着需要分析 Report API 的代码，以便更好地理解它。为此，我创建了以下提示词。我们首先设置了添加代码注释的指令，并给系统充足的思考时间：

 你是一名 Java 开发人员。请为代码创建以三个#号分隔的代码注释。在输出优化后的代码之前，请确保代码未被修改，并且每段注释与我们提供的代码片段相匹配。

接下来，我们将使用分隔符策略提供需要注释的代码片段：

 ###
```
public Report getAllRoomsReport(String token) {
    List<Room> rooms = roomRequests.searchForRooms().getRooms();
```

```
List<Entry> parsedRooms = new ArrayList<>();

for(Room r : rooms){
    Bookings roomBookings = bookingRequests.getBookings
    ➥ (r.getRoomid(), token);

    for(Booking b : roomBookings.getBookings()){
        Entry entry = new Entry(
        ➥ b.getBookingDates().getCheckin(),
        ➥ b.getBookingDates().getCheckout(),
        ➥ b.getFirstname() + " " + b.getLastname() + " - Room: " +
        ➥ r.getRoomName());
        parsedRooms.add(entry);
    }
}

return new Report(parsedRooms);
}
###
```

该提示词旨在针对 Report API 中的服务层代码，为我添加代码注释。通过使用代码注释，我可以更好地理解它是如何工作的，以及它是如何构造传输到日历的必要报文数据的（这需要对发送至日历的 HTTP 流量进行监控和采集）。当我们想快速了解系统的某个模块如何工作时，这种类型的提示词非常有帮助，尤其对于经验较少或者缺乏信心的程序员。

因此，我创建了以下提示词，然后将它发送给 ChatGPT，返回了以下带有注释的代码：

```
/**
 * Method: getAllRoomsReport
 * Description: Retrieves a report containing booking details for all
 * rooms.
 *
 * @param token The authentication token for accessing room and
 * booking information.
 * @return Report object containing parsed room booking entries.
 */
public Report getAllRoomsReport(String token) {
    // Retrieve a list of rooms
    List<Room> rooms = roomRequests.searchForRooms().getRooms();
    // Initialize a list to store parsed room entries
    List<Entry> parsedRooms = new ArrayList<>();

    // Iterate through each room
    for(Room r : rooms){
        // Retrieve bookings for the current room
        Bookings roomBookings =
        ➥ bookingRequests.getBookings(r.getRoomid(), token);

        // Iterate through each booking in the room
        for(Booking b : roomBookings.getBookings()){
            // Create an entry for each booking with relevant details
            Entry entry = new Entry(
```

```
➜ b.getBookingDates().getCheckin(),
➜ b.getBookingDates().getCheckout(),
➜ b.getFirstname() + " " + b.getLastname() + " - Room: " +
➜ r.getRoomName());
    // Add the entry to the list of parsed rooms
    parsedRooms.add(entry);
    }
  }

    // Return a new report containing parsed room entries
    return new Report(parsedRooms);
}
```

因为指令检查到初始提示词内的代码未被修改，所以输出的代码与原始代码是相同的（不过仍需再次检查，以防幻觉导致无意的代码修改）。

除了代码本身，我们现在还具备了完善的代码注释，这为我们理解代码的工作原理提供了更多的上下文和细节。这反过来又帮助我们将数据检索过程建模成图 8.4 所示的模型。

该模型基于提示中的信息来确定数据是如何创建的，并有助于明确如何构建所需的数据。这是一种快速建立理解的有效方法，但与往常一样，重要的是要验证这种理解并降低 LLM 产生幻觉的风险。这就是为什么我在事后对过程进行了图示建模，以便与他人轻松地分享图示结果，从而明确我们的假设是否正确或是否需要更新。

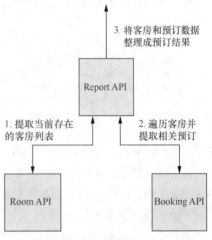

图 8.4 预订结果数据创建的模型

8.2.2 创建会话的数据要求

在深入理解预订结果数据的构建方式之后，我们就可以接受探索性测试的下一个挑战了：创建测试数据。我需要生成大量的预订数据（实际上有数千条数据），这意味着：

- 创建测试客房并为其添加预订信息。
- 创建至少 1 000 条测试预订记录，并将这些记录分配给每个测试客房。

为此，我再次使用 LLM 来帮助生成 SQL 数据，并将它添加到作为 Room API 和 Booking API 项目一部分的 seed.sql 文件中。如果能在这些种子文件中获得正确的 SQL 数据，我们就可以用这些测试数据来启动待测产品了。

在第 6 章中，我们已经探讨了数据创建的方法，因此 Room API 的第一个提示词会让我们感到很熟悉。为了构造必要的客房数据，我创建了以下提示词。首先，我们使用初始指令和分隔符策略来提供 SQL 数据：

你是一个 MySQL 生成器。请创建一个 MySQL 脚本，以三个#号分隔的 MySQL 语句为例，插
入 10 条结构相同的新记录。

然后提供创建数组类型数据的附加细节：

 * 如果使用了关键字 ARRAY，则使用 MySQL 的 ARRAY 函数创建相关数据类型。

该指令以思考时间策略为结尾：

 在生成输出之前，检查每条新数据是否与预期的数据类型相匹配，并确保使用有效的 MySQL
语法和准则。

最后，我们提供现有的 SQL 语句，将其作为参考并进一步扩展测试数据：

```
###
INSERT INTO ROOMS (room_name, type, beds, accessible, image,
➡ description, features, roomPrice) VALUES ('101', 'single', 1,
➡ true, 'https://▨▨▨▨▨▨▨▨▨▨▨▨▨▨▨▨▨▨/room2.jpg',
➡ 'Aenean porttitor mauris sit amet lacinia molestie. In posuere
➡ accumsan aliquet. Maecenas sit amet nisl massa. Interdum et
➡ malesuada fames ac ante.', ARRAY['TV', 'WiFi', 'Safe'], 100);
###
```

该提示词的目的是将现有的 INSERT 语句扩展为多个 INSERT 语句，并将其添加到我的
seed.sql 文件中。在处理 INSERT 语句中的字符串数组时，需要使用一个特定的指令。在添
加该指令之前，ARRAY 数据类型的创建并不正确，这导致生成的数据不符合预期功能。不过，
通过在提示词中添加以下规则：

 如果使用了关键字 ARRAY，则应使用 MySQL 的 ARRAY 函数创建相关数据类型。

这样，LLM 就能创建所需的数据。这一过程凸显了有时候现有提示词（如第 6 章中的原
始数据创建提示词）需要调整以适应特定要求。

创建提示词后，我将它发送给 ChatGPT，并返回以下数据（原始回复提供了 10 条记录，
我已将其简化）：

```
-- Record 1
INSERT INTO ROOMS (room_name, type, beds, accessible, image,
description, features, roomPrice) VALUES ('101', 'single', 1, true,
'https://▨▨▨▨▨▨▨▨▨▨▨▨▨▨▨/room2.jpg', 'Aenean
porttitor mauris sit amet lacinia molestie. In posuere accumsan
aliquet. Maecenas sit amet nisl massa. Interdum et malesuada fames
  ac ante.', ARRAY['TV', 'WiFi', 'Safe'], 100);

-- Record 2
INSERT INTO ROOMS (room_name, type, beds, accessible, image,
description, features, roomPrice) VALUES ('102', 'double', 2, false,
'https://www.example.com/image2.jpg', 'Lorem ipsum dolor sit amet,
```

```
consectetur adipiscing elit. Nullam eget odio nec urna consequat
placerat.', ARRAY['WiFi', 'Mini Fridge'], 150);

-- Record 3
INSERT INTO ROOMS (room_name, type, beds, accessible, image,
description, features, roomPrice)VALUES ('103', 'suite', 3, true,
'https://www.example.com/image3.jpg', 'Sed et fermentum lectus.
Proin feugiat tortor sed elit feugiat, vel laoreet ante fermentum.',
ARRAY['TV', 'WiFi', 'Kitchen', 'Balcony'], 250);
```

　　生成的数据虽然不算特别出色，但考虑到我的主要目标是在 API 中添加一些客房信息，当前的数据已经足够了。将这些信息添加到 seed.sql 文件中并去掉注释后，我们就能运用这些数据重建 Room API 了。

　　接下来，我将注意力转向创建 1 000 条预订记录，并将它添加到预订 API 的 seed.sql 文件中。然而，这又带来了新的挑战。要求 LLM 生成 1 000 条 INSERT 语句对于任何模型来说都是一项艰巨的任务。有些 LLM 受限于回复的字数限制，有些甚至无法处理如此多的词元计数。因此，我们不得不采用不同的方法来解决这个问题。我没有直接要求 LLM 创建这些数据，而是让它创建一个脚本，并生成 INSERT 语句。为了实现这一目标，我们使用分隔符策略，并给出了初始指令：

> 🅜🅦　你是一名 NodeJS 开发者。请创建一个脚本，实现向名为 seed.sql 的 SQL 文件中插入 1 000 条新记录，且每条记录符合以三个#号分隔的 MySQL 语法结构。

　　此外，为确保生成的数据准确无误，我们还提供了以下附加指令：

> 🅜🅦　* RoomId 必须介于 1 和 10 之间
> 　　　* Checkin 和 Checkout 日期必须在 2023-11-01 和 2023-11-30 之间

　　以下代码是脚本最终将生成的 SQL 语句：

> 🅜🅦
> ```
> ###
> INSERT INTO BOOKINGS (roomid, firstname, lastname, depositpaid,
> checkin, checkout) VALUES (1, 'James', 'Dean', true, '2022-02-01',
> '2022-02-05');
> ###
> ```

　　在这个提示词中，我们的目标是使用 LLM 将 SQL 语句转换成一个 NodeJS 脚本，该脚本将生成一个 seed.sql 文件，其中包含我们需要的所有数据。这样，我就可以运行一次脚本，然后将新创建的 seed.sql 文件移动到 Booking API 中。语言的选择纯粹按照个人喜好，通过采用格式策略，我们可以轻松地切换不同编程语言来实现脚本编写。

　　向 ChatGPT 发送该提示词后，LLM 将返回以下脚本供使用：

> 🆂
> ```
> const fs = require('fs');
> // Function to generate a random date between two dates
> const randomDate = (startDate, endDate) => {
> ```

```
    return new Date(startDate.getTime() + Math.random() *
(endDate.getTime() - startDate.getTime()));
}

// Function to generate a random boolean value
const randomBoolean = () => {
  return Math.random() < 0.5;
}

// Function to generate a random integer between min and max
// (inclusive)
const randomInt = (min, max) => {
  return Math.floor(Math.random() * (max - min + 1)) + min;
}

const generateSeedData = () => {
  const startDate = new Date('2023-11-01');
  const endDate = new Date('2023-11-30');
  const bookings = [];

  for (let i = 0; i < 1000; i++) {
    const roomId = randomInt(1, 10);
    const firstName = `First${i}`;
    const lastName = `Last${i}`;
    const depositPaid = randomBoolean();
    const checkinDate = randomDate(startDate,
    endDate).toISOString().slice(0, 10);
    const checkoutDate = randomDate(new Date(checkinDate),
    endDate).toISOString().slice(0, 10);

    const booking = `INSERT INTO BOOKINGS (roomid, firstname, lastname,
    depositpaid, checkin, checkout) VALUES (${roomId}, '${firstName}',
    '${lastName}', ${depositPaid}, '${checkinDate}',
    '${checkoutDate}');\n`;

    bookings.push(booking);
  }

  return bookings.join('\n');
}

const seedData = generateSeedData();

fs.appendFile('seed.sql', seedData, (err) => {
  if (err) {
    console.error('Error appending data to seed.sql:', err);
  } else {
    console.log('Data appended to seed.sql successfully!');
  }
});
```

通过将该脚本复制到一个文件中并执行，我们就能得到所需的 seed.sql 文件。这种方法意味着我们能够获得所需的测试数据，但比直接输出大量 SQL 语句的方式更为高效，因为它大大减少了提示词和回复的字数。

在获取了预订 seed.sql 文件中的必要数据后，我再次重建了 Booking API，使用这些必要数据启动应用程序，并开始探索如何处理如此庞大的数据集。

8.2.3　探索和跟进缺陷

在获取了测试数据后，就可以针对这次会话，尝试由该准则启发的一系列测试思路，包括以下内容。

- 页面加载时会发生什么？我发现可以在日历视图中查看预订信息，而且需要通过点击特定日期的"查看更多"来查看其他预订情况。我还发现，当有大量预订时，页面加载数据的速度非常慢。
- 当使用导航控件时会发生什么？与上述问题类似，在月份之间导航时，日历的加载速度也很慢。不过，尽管页面加载速度慢，我依然可以浏览日历。
- 如果想查看更多预订信息怎么办？我发现了一个缺陷，即显示当天额外预订时，弹出窗口会超出页面顶部，导致无法查看某些预订。而且，当某天的预订较多时，弹出窗口的加载速度也非常慢。
- 能否使用键盘访问日历？我发现可以成功地在日历的主视图中使用 Tab 键，在"查看更多"链接上按下回车键后，弹出窗口会显示更多预订信息。我还发现了使用 Tab 键跳转到弹出窗口的一个缺陷，在这种情况下，我们无法聚焦到超出页面边界的预订项。

这些测试思路都来源于我多年的探索性测试经验，结合心理学启发式方法进行问题识别出来的。Richard Bradshaw 和 Sarah Deery 在其文章 "Mind the Gap" 中探讨了使用无意识启发式（通过经验内化的启发式）的概念。这篇文章讲述了我们如何使用意识和潜意识启发式来指导探索性测试。在至今为止的探索性测试中，我一直依赖于无意识启发式。然而，当我的思路枯竭时，我会转而使用更明确的有意识启发式方法来产生进一步的测试思路。例如，使用测试助记法 PAOLO。

PAOLO 是由 Maik Nog 创造的一个测试助记法，旨在帮助测试人员围绕屏幕方向和显示特性产生新的测试思路。每个字母都代表一个需要，具体如下。

- Portrait（竖屏）：竖屏视图下的效果如何？
- Audio（音频）：是否需要考虑音频信号？
- Objects（物体）：有哪些其他物体需要考虑？
- Landscape（横屏）：横屏视图下的效果如何？
- Overlay（叠加）：是否有浮动窗口需要考虑？

助记法的价值在于，它可以激发不同测试人员的思维，启发他们从不同角度审视问题。这是好事，也是坏事，因为我们在某种程度上仍然依赖于个人的经验和能力来产生新思路。因此，为了打破我的思维定势，我使用 PAOLO 助记法创建了一个新的提示词，看看我可能会从 LLM 那里获得什么思路。在第一个提示词中，我们设置了指令，使用了分隔符策略，并提供了上下文：

MW　你是一名探索性测试员。请使用由三个#号分隔的标准列表，为每个列表项提出不同的测试思路，以验证存在多个预订的预订结果日历。格式是先输出列表项，然后是建议。

然后，我使用少样本提示词策略，列出了我想要的回复格式：

MW　例如，导航：能否使用键盘浏览预订结果日历。

接下来，在分隔部分提供了助记法：

MW　###
```
* Portrait
* Audio
* Objects
* Landscape
* Overlay
###
```

在这个提示词中，我需要提供一些背景信息，说明我希望生成的测试思路是什么。如果忽略这些细节，很可能会得到泛泛的回复，或者有可能产生幻觉。因此，我提供了一些细节，以改进我可能收到的思路。然后，我提供了书面助记法来确定回答的框架，如果我想，还可以改变助记法，看看 LLM 可能会返回哪些其他思路。向 ChatGPT 输入这一提示词后，我收到了大量的思路，例如，下面这些是值得注意的：

⊛　竖屏
 – UI 响应：验证预订结果日历在竖屏模式下如何在不同尺寸和分辨率的屏幕上显示。
 – 交互测试：测试在竖屏模式下添加/编辑/删除预订的功能。
 – 滚动行为：检查在竖屏模式下滚动日历是否流畅，不会造成任何故障或预订之间的重叠。
 – 竖屏特定功能：探索是否有任何专门针对竖屏模式的独特功能或选项，并验证其功能。
 – 文字清晰：确保当设备切换到竖屏模式时，日历中的文本和标签仍然清晰可辨。

　　横屏
 – 方向切换：测试竖屏和横屏模式之间的转换，确保日历调整顺畅，不会丢失数据或导致显示问题。
 – 预订布局：验证横屏模式下预订的布局和安排，确保它们保持有序和易读。
 – 多日预订：检查设备横屏时多日预订的显示和行为。
 – 用户界面一致性：确保竖屏模式下的所有特性和功能在横屏模式下也能访问和使用。
 – 旋转速度：测试日历是否能快速响应设备方向的变化，而不会出现滞后或延迟。

从这份清单中，我挑选了一些让我印象深刻的思路，特别是：

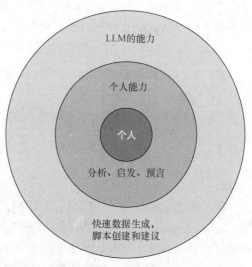 预订结果日历在竖屏模式下如何在不同尺寸和分辨率的屏幕上显示。

这引发了我放大和缩小日历以观察会发生什么的想法。结果发现缩小时会出现性能问题，放大时日历会隐藏"显示更多按钮"链接。下一个参考想法是：

测试日历是否能快速响应设备方向的变化，而不会出现滞后或延迟。

这引发了一个问题：如果屏幕尺寸不同呢？当尝试用不同的手机屏幕尺寸查看日历时，我发现了更多的性能问题，因为页面试图针对新的视图进行自我组织。不过，日历最终还是很好地处理了不同的视图。最后，我选择了以下参考思路：

确保当设备切换到竖屏模式时，日历中的文本和标签仍然清晰可辨。

我更明确地遵循了这一建议，发现在手机屏幕上，文字非常小，难以阅读。

我使用了更多的想法，也有可能探索更多的思路，但由于这是一次展示 LLM 在探索性测试中的价值的会话，我选择结束该会话并整理笔记，以备将来报告之用。

8.2.4 使用 LLM 协助探索性测试

这个使用示例再次展示了如何使用 LLM 来快速满足特定技术需求，如数据生成，并在我们需要新思路时充当建议引擎。在任何时候，LLM 都不是探索性测试的负责人。所有这些都可以再次使用影响域模型来定义，如图 8.5 所示。

关键的技能是要能够识别 LLM 在什么情况下对我们有用，同时又不会干扰探索性测试的流程。这就是创建提示词库的作用所在。通过建立提示词库，我们可以识别 LLM 的痛点，从而巩固我们对何时使用 LLM 的认识。一旦我们进入会话，就可以快速复制我们选择的提示词，生成所需的回复，然后迅速继续。

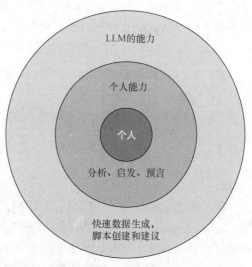

图 8.5 涵盖探索性测试作用的影响域模型

8.3　用 LLM 总结测试记录

探索性测试会话结束后，需要向相关人员报告测试结果。与报告其他测试活动不同，报告探索性测试具有挑战性。鉴于我们的目标是分享所学到的知识，因此很难将测试会话中的所有细节提炼成一份简明扼要的报告来分享细节，举例如下。

- 我们是如何进行探索性测试会话的？
- 需要哪些设置？
- 我们做了哪些测试？
- 我们从测试中学到了什么？
- 发现了哪些错误？

理想情况下，我们会在探索过程中创建笔记，以记录上述细节。但为了确保记笔记的过程不会分散我们的探索注意力，往往不会添加太多细节。如果我们在会话结束后进行汇报，这样做会很有效。我们可以用笔记作为触发点，讨论测试的某些方面，从而分享我们的心得。问题是，如果我们需要分享过去进行的会话的细节，笔记就只能起到提示记忆的作用。

因此，作为一种替代方法，我们可以求助于 LLM，让它创建一个测试故事，这是一种讲述如何进行测试以及在测试过程中学到了什么的报告类型。为此，我们可以创建以下提示词：

> 🅼🆆 你是一名探索性测试人员。将以三个#号分隔的探索性测试笔记转换成测试故事，详细说明探索性测试会话中发生的事情。
>
> * 确保在故事末尾列出所有发现的缺陷，以便快速参考。
>
> ###
>
> <输入原始测试笔记>
>
> ###

在这个提示词中，我们要求 LLM 将测试笔记转换成测试故事。在我的探索性测试会话中，笔记是用 Markdown 写的（完整笔记见附录 C），并将其复制到提示词中的分隔部分。提示词中还包含附加的指令，要求将发现的错误以单独列表的形式列出，这在与我们的团队讨论时可能会很有用。将附录 C 中我的测试笔记复制到分隔部分，并将结果发送到 ChatGPT，得到以下回复。

> ⑨ 测试故事：探索预订结果视图中的预订显示
>
> 在最近的一次探索性测试会话中，我深入研究了预订结果界面中的预订显示，重点是大量预订的显示。主要目的是评估处理大量预订数据时的可读性功能。

会话概述

会话开始时，我分析了与客房和预订相关的 API 中的代码结构，以理解预订结果页面的数据生成。以下是我的探索细目。

数据设置

* 探索为预订结果页面生成测试数据，从而为客房和预订 API 创建测试数据。

* 由于测试数据集成问题，在重建预订 API 时遇到了挑战，需要通过集成开发环境直接操作。

调查

* 加载页面性能：

  * 当有大量预订时，发现页面加载速度明显变慢。

* 导航控制：

  * 注意到日历视图在预订高峰月份和低谷月份之间导航时速度变慢，尽管导航功能仍然正常。

* 查看预订：

  * 发现显示预订的弹出窗口存在问题，导致超出边界并使某些预订无法阅读。

  * 在有大量预订的日子里，弹出窗口的加载出现延迟。

* 创建新预订：

  * 发现在取消创建新预订时存在延迟问题，这会影响日历组件的显示时间。

* 键盘可访问性：

  * 在日历中成功实现了 Tab 键导航，但在弹出窗口中 Tab 键导航时遇到了挑战。

进一步探索

* 测试了日历在不同场景下的行为，如调整大小、缩放和设备方向变化，发现了不同屏幕尺寸和方向下的多重渲染和显示问题。

发现的错误

1 在预订量大的情况下，页面加载速度明显减慢。

2 在预订高峰月份和低谷月份之间切换时，日历导航速度变慢。

3 用于查看预订的弹出窗口超出边界，妨碍某些预订的可读性。

4 取消创建新预订时的延迟问题会影响日历显示。

5 弹出窗口内键盘导航的可访问性问题。

6 在调整日历大小和缩放时，显示缓慢和内容消失。

7 由于字体较小，在移动设备上出现文本可读性问题。

8 在移动设备上无法执行管理预订的点击和拖动操作。

这些发现表明有几个方面需要注意，以提高预订结果视图中预订系统的性能、可用性和显示效果。

　　我的探索性测试笔记由标题和简短句子组成，在形式上有些缺乏条理（原始笔记可在附录 C 中找到，以作比较），而 LLM 成功地将这些笔记转换成了内容更为丰富的报告。报告首先总结了探索性测试的整体情况和我的意图，然后才开始讨论会话的细节。

　　回顾这份报告,可以看出在使用 LLM 时可以做出的选择。报告中大量使用了要点和编号列表,这种模式在 ChatGPT 中很常见。不过,我们可以在提示词中使用附加的指令或特定的模板结构来解决这个问题。例如,如果我们更新提示词,则使用康奈尔方法:

> **MW** 你是一名探索性测试人员。使用康奈尔笔记方法,将以三个#号分隔的探索性测试笔记转换成报告。
> ###
> <输入原始测试笔记>
> ###

　　我们会得到一份不同类型的报告,它具有使用康奈尔方法时会看到的标题、提示、笔记和摘要结构:

> 探索性测试报告:预订结果视图中的预订显示
>
> **摘要**
>
> 　　探索性测试旨在评估预订结果视图中的预订显示,尤其侧重于处理大量预订。测试包括检查页面加载时间、导航控制、创建新预订、键盘可访问性、对屏幕尺寸变化的响应能力、设备方向,以及竖屏和横屏模式下的文字可读性。
>
> **提示栏**
>
> 　　准则:在预订结果视图中使用大量预订信息来探索预订信息的显示方式,以确定可读性。
>
> 　　会话说明
>
> - 为 API 创建数据
>   - 分析 API(客房和预订)中的代码,了解数据生成。
>   - 制定策略,使用 SQL 和脚本为客房和预订 API 生成测试数据。
> - 调查
>   - 加载页面:注意到有大量预订的页面加载时间较慢。
>   - 导航控制:当从旺季月份过渡到淡季月份时,发现页面运行缓慢。
>   - 查看更多预订:检测到弹出窗口问题——超出边界和加载缓慢。
>   - 创建新预订:取消预订操作后出现延迟。
>   - 键盘可访问性:Tab 键导航成功,Tab 键进入弹出窗口时出现问题。
> - PAOLO 助记法
>   - 竖屏模式:评估日历在不同屏幕尺寸和分辨率下的响应速度。
>   - 放大/缩小:发现调整大小缓慢和内容隐藏的问题。
>   - 设备方向:检查屏幕大小调整和方向变化的处理情况。
>   - 文字清晰度:注意到移动屏幕上文字过小的问题。
>
> **注意栏**
>
> - 问题/错误
>   - 大量预订时页面加载缓慢。

— 在旺季月份和淡季月份之间切换时速度缓慢。

— 弹出窗口显示问题：超出边界、加载缓慢。

— 取消预订操作后出现延迟。

— 弹出窗口的切换问题，尤其是超出边界的内容。

— 大小调整缓慢，放大/缩小时内容隐藏。

— 调整屏幕大小时初始布局混乱。

— 手机屏幕上的文字太小，影响可读性。

— 在手机视图中无法点击和拖动日历上的管理预订。

摘要栏

■　**主要发现**

— 页面加载和导航控件的性能问题。

— 影响用户交互的弹出窗口显示问题。

— 移动设备上的大小调整和文字可读性问题。

— 移动视图上的管理预订功能有限。

评价栏

■　**影响**

— 需要优化性能，使页面加载更流畅。

— 改进弹出窗口的显示方式，改善用户体验。

— 需要针对不同屏幕尺寸和方向进行响应式设计调整。

— 调整文字大小，提高在较小屏幕上的可读性。

行动栏

■　**行动项目**

— 优化页面加载时间，提高性能。

— 优先修复弹出窗口显示问题，提高可用性。

— 针对不同屏幕尺寸实施响应式设计。

— 调整文字大小，提高移动设备的可读性。

反思

探索性测试揭示了在预订结果视图中显示预订时与性能、可用性和响应性相关的关键问题。解决这些问题将大大改善系统的整体用户体验和功能。

实验是关键，但这表明，LLM 有可能以其他更传统的工具无法做到的方式为我们提供支持。在测试中，报告有时会被忽视，因为快速分享丰富的知识可能很困难，这促使团队依赖于我们常见的基于测试脚本的、定量的报告。然而，有了 LLM，我们现在就可以构建和呈现报告，更全面地展示我们在探索性测试过程中学到的知识，分享隐藏在测试脚本或会话背后的丰富信息。

活动 8.4

根据过去记录的笔记创建一份测试报告。将笔记复制到本章所探讨的提示词中，看看会生成什么样的报告。思考是否对你有用，或者是否需要调整提示词来改进报告。

小结

- LLM 可用于确定探索性测试的风险和准则。
- 在识别风险时，功能固定性（functional fixedness）等偏见可能会让我们错过潜在的探索风险。
- 可以用 LLM 分析已经发现的风险，然后推荐其他风险供进一步考虑。
- 由 LLM 生成的风险将包含各种建议，这些建议可能有用，也可能没用。
- 可以采用类似的流程，要求 LLM 提出附加的测试准则建议。
- 在探索性测试和 LLM 的上下文中，利用 LLM 来唤醒我们的思维并提供新的视角，而不是盲目地接受它们生成的附加的风险和准则。
- LLM 可用来帮助支持探索性测试会话中的活动。
- 可以使用 LLM 转换代码并添加代码注释，这有助于提高我们的理解能力。
- 可以使用 LLM 创建所需的测试数据，方法是要求它们为我们输出测试数据，或创建脚本供我们生成数据。
- 将提示词与启发式测试相结合，可以生成建议的测试思路。
- 我们可以确定哪些建议的测试思路是有用的，哪些需要舍弃。
- LLM 可用于将测试笔记转换为更丰富的测试报告，如测试故事。

第 9 章 作为测试助手的 AI 智能体

本章内容包括
- 了解如何使用 LLM 构建 AI 智能体。
- 创建一个基础的 AI 智能体来展示其价值。

在前几章中，我们看到了大模型（LLM）如何帮助我们进行测试，还学习了如何使用各种提示词技术来最大限度地利用 LLM，以及如何在需要时使用不同的提示词。这已经取得了显著的成就，但如果我们能够进一步深入理解，创建出定制的 AI 测试助手，将会带来更大的突破。

随着 LLM 的发展，创建能够自主与其他系统互动、收集数据、分析信息并根据目标需求调整响应的 AI 智能体和应用程序的机会也在不断增加。在人工智能领域，智能体可以通过多种方式实现，但其目标往往是相同的，即创建一个我们可以赋予任务并让其解决的系统。设计和构建 AI 智能体的范围很广，但在本章中，我们将更多地了解它们在生成式 AI 的背景下是如何工作的，以及它们的潜力。我们还将创建自己的基本测试数据 AI 智能体，以展示这项技术的威力和潜力。

9.1 理解 AI 智能体和 LLM

在讨论 AI 智能体时，需要明确我们的定义。AI 智能体可以以不同的方式实现，这取决于所涉及的人工智能领域。但这并不是说，无论智能体如何工作，它都没有预期的行为。因此，在开始实现智能体之前，让我们先来定义这些预期行为是什么，然后再探讨如何在生成式 AI 的背景下构建智能体。

9.1.1　AI 智能体的定义

要理解什么是 AI 智能体，必须更多地关注它所具有的特征，而不是它的实现。目前还没有一份明确的清单来列出 AI 智能体应具备的特征，但通常可以归纳如下。

- 目标驱动：智能体必须能够接受一个它最终能够实现的目标。目标本身可以是具体的，（如"帮我为某人订一个酒店"），也可以是抽象的（如"根据当前趋势确定下个月要购买的最赚钱的股票"）。无论目标的范围如何，都需要某种方向来帮助我们评估智能体所采取的行动是否让它更接近于完成任务。
- 具有洞察力：智能体还必须能够与更广阔的世界交互。这可能意味着提取信息，或与系统交互以产生结果。例如，向 Web API 发送 HTTP 请求以获取处理数据，或运行 Web 自动化代码以完成预订表单的填写。无论我们希望智能体实现什么目标，都必须赋予它与外部世界交互的能力，这样它才能为我们解决问题。
- 拥有自主权：也许最关键的一点是，智能体必须能够自主决定如何解决问题。它不仅可以按照我们设定的清晰的算法路径行事，还可以选择待办的任务以及任务的顺序。这通常就是智能体的核心特征所在。通过评估给定的目标，智能体可以与外部世界互动，执行任务，并评估这些任务是否与设定的目标一致。
- 适应性：智能体必须能够从行动中学习。例如，能够完成视频游戏的智能体就是从所犯的错误中学习来实现的。但是，这也可能意味着仅对在特定时间点检索到的特定信息做出响应。与自主性一样，在决定一个智能体在执行特定任务时是否成功方面，设定的目标也起着作用。如果没有成功，我们希望智能体能够对失败做出响应，不再重蹈覆辙，或者绕过失败实现既定目标。

这并不是一份详尽的特征清单。智能体要解决的问题将决定哪些特征更为重要。然而，这些示例可以让我们了解 AI 智能体的定义和行为方式。因此，智能体是一个自主软件，它可以被赋予一个相对复杂的任务，并替我们解决它。

9.1.2　智能体如何与 LLM 配合工作

那么，在使用 LLM 驱动智能体时，这些特性是如何产生的呢？答案是：通过使用 LLM 的函数调用（function call）功能。该功能允许我们将代码封装到函数中，当 LLM 被引导完成一项任务时，它可以为我们触发这些函数。为了帮助我们更好地理解这一过程，图 9.1 概述了函数调用的一般工作过程。

如图 9.1 所示，函数调用的工作原理是向 LLM 提供提示词和封装的代码。然后，LLM 可以决定运行哪个函数来实现提示词中设定的目标。在每个函数内部，都有构建的代码，这些代码将以某种方式处理信息或与外部世界交互。例如，函数可能会从 Web API 中提取数据、抓取网页或从传感器中收集信息。函数还可以接收来自 LLM 的参数，用于对接收的数据进行处理，然后将结果发送回 LLM 以供将来使用。

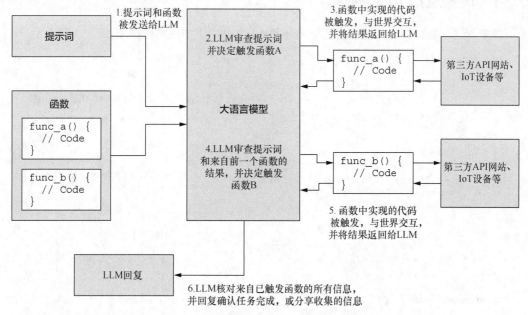

图 9.1　使用函数调用的 LLM 智能体概述

　　LLM 能够决定何时调用哪些函数，使用哪些数据，从而赋予智能体自主性。我们创建的每个函数都会有一些附加指令，以帮助 LLM 确定函数中的代码要做什么。当需要完成一项任务时，LLM 可以处理初始提示词，选择首先调用的正确函数，并将函数返回的所有信息存储到提示信息中。

　　这种自主性是智能体与传统工具的区别所在，传统工具执行的是与不同 API 或服务交互的有序函数列表。智能体可能会被赋予大量不同的函数，这些函数以不同的方式处理信息并与世界交互，它只会使用必要的函数来解决问题。

9.2　创建 AI 测试助手

　　既然我们已经了解了什么是智能体以及智能体在生成式 AI 中的工作原理，那就让我们创建自己的智能体吧。在本例中，我们将创建一个 AI 智能体，它在收到指令后可以读取和创建数据。这可能看起来是一个相对简单的智能体，但要深入探讨智能体的更多高级话题，还需要另外一本书来介绍。不过，通过这个例子，我们可以更好地理解如何使用 LLM 构建智能体，从而将我们的提示词工程和智能体构建提升到一个新的水平。我们将一步一步地完成创建 AI 智能体的过程，你可以根据"资源与支持"页中的指引查看完成版本，以供参考。

9.2.1　设置虚拟 AI 智能体

首先创建一个 Maven 项目，然后在 `pom.xml` 文件中添加以下依赖项：

```
<dependencies>
    <dependency>
        <groupId>dev.langchain4j</groupId>
        <artifactId>langchain4j-open-ai</artifactId>          快速连接 OpenAI 平台的函数
        <version>0.31.0</version>
    </dependency>

    <dependency>
        <groupId>dev.langchain4j</groupId>
        <artifactId>langchain4j</artifactId>                  创建 AI 智能体的 AI 服务
        <version>0.31.0</version>
    </dependency>

    <dependency>
        <groupId>com.h2database</groupId>
        <artifactId>h2</artifactId>                           与智能体一起操作的数据库
        <version>2.2.224</version>
    </dependency>
</dependencies>
```

我们将使用 LangChain4J 来管理与 LLM 的通信及希望智能体执行的必要函数。这一点在实现上述函数时会变得更加清晰，但首先，需要通过创建一个名为 `DataAssistant` 的新类和一个 main 函数来建立与 LLM 的连接：

```
public class DataAssistant {

    public static void main(String[] args) {

    }

}
```

现在我们可以用必要的代码更新该类，以便向 **gpt-3.5-turbo** 模型发送基本提示词：

```
public class DataAssistant {

    static interface DataAssistantService {
        String sendPrompt(String userPrompt);          创建一个接口，加入 AI 服务
    }

    public static void main(String[] args) {
```

```
OpenAiChatModel model = OpenAiChatModel
        .builder()
        .apiKey("API-KEY-HERE")
        .modelName(OpenAiChatModelName.GPT_3_5_TURBO)
        .build();

DataAssistantService dataAssistantChat =
➥ AiServices.builder(DataAssistantService.class)
        .chatLanguageModel(model)
        .build();

String response = dataAssistantChat.sendPrompt
➥("Hi, can you introduce yourself?");
System.out.printf(response);
    }
}
```

设置 OpenAI 的模型访问和模型偏好

使用 AiServices.builder 将模型添加到 DataAssistantService 中

向 OpenAI 发送基本提示词,存储响应并输出

代码中的 OpenAiChatModel 部分定义了我们希望连接的模型和授权方法。在 .apiKey 方法中,提供了 OpenAI 的 API 密钥,该密钥可通过 OpenAI 官网上的 API 密钥页面生成。然后,在使用 AiServices 库设置 DataAssistantService 时将模型作为参数传入。这样,我们就可以将模型选择和 AI 服务分离,方便我们更改希望使用的模型。DataAssistantService 接口可以帮助我们配置发送提示词的方法,还可以根据需要添加其他高级功能,如系统提示词,可以在服务建立后根据上下文为用户提供提示词。我们很快就能看到 AiServices 是如何发挥作用的,但目前,可以通过运行它并得到类似下面的响应来测试代码:

你好,我是由 OpenAI 创建的语言模型 AI 助手。我在这里帮助回答你的问题,并为你提供你可能需要的任何信息。我今天能为你提供什么帮助?

既然我们已经连接到 LLM,就可以开始构建我们希望智能体触发的任务,以便为我们的助手提供一些智能体功能。为此,我们创建一个名为 DataAssistantTools 的新类,并添加以下代码:

```
public class DataAssistantTools {

    @Tool("Create room records")
    public void createRooms(@P("Amount of room records to create")
    ➥ int count) {
        System.out.println("You want me to create " + count + "
        ➥ rooms.");
    }

    @Tool("Create booking records")
    public void createBookings(@P("Amount of booking records to
    ➥ create") int count) {
        System.out.println("You want me to create " + count + "
        ➥ bookings.");
    }
```

```
@Tool("Show results of database")
public void displayDatabase() {
    System.out.println("I'll then share current database
    ➡ details");
}

}
```

现在，我们已经创建了 3 个函数，LLM 可以根据提示词选择触发它们。但 LLM 如何确定在特定时间触发哪个函数呢？这是通过使用 LangChain4J 提供的@Tool 注解来实现的。@Tool 注解不仅能确定要触发的方法，还能用自然语言向 LLM 说明代码的功能，从而帮助 LLM 判断它是否是一个值得调用的函数。例如，我们的第一个工具使用了注解@Tool("Create room records")。如果我们向 LLM 发送一个提示词和工具，要求它创建一些客房，那么 LLM 就会判断我们的工具应该被执行。如果我们发送的提示词信息完全不同，那么这个工具可能不会被使用。我们很快就会看到实际效果，但首先，让我们更新 AiServices 生成器，以便将我们新创建的 DataAssistantTools 集成进来：

```
DataAssistantService dataAssistantChat =
➡ AiServices.builder(DataAssistantService.class)
            .chatLanguageModel(model)

            .tools(new DataAssistantTools())      │ 在 builder 中通过 tools()方法添
            .build();                              │ 加工具

        while(true){
            Scanner scanner = new Scanner(System.in);
            System.out.println("What do you need?");      │ 设置 Scanner, 以
                                                          │ 保持程序运行并
            String query = scanner.nextLine();            │ 接收提示词
            String response = dataAssistantChat.sendPrompt(query);
            System.out.println(response);
        }
```

正如我们所看到的，AiServices 的 builder 通过允许我们设置希望使用的模型和希望智能体使用的工具，开始展示其价值。我们还更新了输入提示词的方法，以确保应用程序能持续运行，我们也可以使用不同的指令来测试新智能体。因此，当运行智能体并被问道：

🅖 你需要什么？

我们可以提交提示词：

🅜🅦 能否为我创建 4 间客房和 2 个预订，并告诉我数据库中有哪些内容？

得到以下回复：

 你希望我创建 4 间客房。

你希望我创建 2 个预订。

然后我将共享当前数据库的详细信息。

让我们仔细分析一下输出是如何生成的。首先，我们将提示词和工具发送给 gpt-3.5-turbo 进行处理。然后，模型会评估提示词的详细信息，并查看使用@Tool 注释标记的工具列表，以找到与指令相关的工具。在提示词开始时，请求"能否为我创建 4 间客房"，而 LLM 认为应该运行 createRooms 工具，因为请求与注释@Tool("Create room records")相关。接下来，我们可以看到输出正确地指出我们要创建 4 间客房。这是因为我们使用 LangChain 的 @P 注解向 createRooms 方法传递了一个参数，其形式为@P("Amount of room records to create") int count。请注意，我们以与@Tool 注解类似的方式再次为@P 注解提供了自然语言上下文。这使得 LLM 可以进行类似的相关性匹配，从我们的提示词中提取它认为必要的数据，并将其作为参数输出。

现在，我们还可以通过向智能体发出不同的指令，来测试其自主决定使用哪种工具的能力。这一次，在要求输入提示词时，我们发送了：

 你能告诉我当前数据库中有哪些内容吗？

将得到以下回复：

 我稍后将分享当前数据库的详细信息。

在这种情况下，LLM 只触发了一个工具，具体来说是注解为@Tool("Show results of database")的 displayDatabase。因为在提示词中没有提到创建客房或预订，所以相关工具被认为与指令无关，因此被忽略。这就体现了智能体的威力。试想一下，如果我们拥有的工具不只是 3 个，而是 10 个、20 个或更多。我们添加的工具越多，就能让智能体有更多的方式对指令做出响应，并解决提供的问题。

9.2.2　赋予 AI 智能体执行函数

我们已经完成了决策过程，现在来完善智能体，并赋予它执行一些数据库查询的能力。为此，我们将使用 h2 创建一个包含一些基本表格的虚拟数据库，以演示如何让 LLM 为我们执行操作。为此，我们将首先创建一个新类 QueryTools，并添加以下代码：

```
public class QueryTools {

    private final Connection connection;
```

```
public QueryTools() throws SQLException {
    connection = DriverManager.getConnection("jdbc:h2:mem:testdb");
    Statement st = connection.createStatement();
    st.executeUpdate("""
        CREATE TABLE BOOKINGS (
            bookingid int NOT NULL AUTO_INCREMENT,
            roomid int,
            firstname varchar(255),
            lastname varchar(255),
            depositpaid boolean,
            checkin date,
            checkout date,
            primary key (bookingid)
        );
        CREATE TABLE ROOMS (
            roomid int NOT NULL AUTO_INCREMENT,
            room_name varchar(255),
            type varchar(255),
            beds int,
            accessible boolean,
            image varchar(2000),
            description varchar(2000),
            features varchar(100) ARRAY,
            roomPrice int,
            primary key (roomid)
        );
    """);
}
```

启动时，创建一个包含必要表格的数据库

```
public void createRoom() throws SQLException {
    Statement st = connection.createStatement();
    st.executeUpdate("""
        INSERT INTO ROOMS (room_name, type, beds, accessible,
        ➡ image, description, features, roomPrice)
        VALUES (
            '101',
            'single',
            1,
            true,
            '/images/room2.jpg',
            'A generated description',
            ARRAY['TV', 'WiFi', 'Safe'],
            100);
    """);
}
```

创建客房的基本方法

```
public void createBooking() throws SQLException {
    Statement st = connection.createStatement();
    st.executeUpdate("""
        INSERT INTO BOOKINGS (roomid, firstname, lastname,
        ➡ depositpaid, checkin, checkout)
        VALUES (
            1,
```

创建预订的基本方法

```
                    'James',
                    'Dean',
                    true,
                    '2022-02-01',
                    '2022-02-05'
            );
        """);
    }

    public void outputTables(String query) throws SQLException {
        Statement st = connection.createStatement();
        ResultSet rs = st.executeQuery(query);
        ResultSetMetaData rsmd = rs.getMetaData();

        int columnsNumber = rsmd.getColumnCount();
        while (rs.next())
            for(int i = 1 ; i <= columnsNumber; i++){
                System.out.print(rs.getString(i) + " ");
            }
            System.out.println();
        }
    }
}
```

创建预订的
基本方法

输出每个表的内
容的基本方法

创建了 QueryTools 类之后，我们就可以通过更新 DataAssistantTools 类来扩展工具，以我们喜欢的方式与数据库交互：

```
public class DataAssistantTools [

    QueryTools queryTools = new QueryTools();

    public DataAssistantTools() throws SQLException {
    }

    @Tool("Create room records")
    public void createRooms(@P("Amount of room records to create")
    ➥ int count) throws SQLException {

        for(int i = 1; i <= count; i++){
            queryTools.createRoom();
        }
    }

    @Tool("Create booking records")
    public void createBookings(@P("Amount of booking records to
    ➥ create") int count) throws SQLException {

        for(int i = 1; i <= count; i++){
            queryTools.createBooking();q
        }
    }

    @Tool("Show results of database")
    public void displayDatabase() throws SQLException {
```

启动时创建数据
库的新实例

通过循环查看申
请客房的数量来
创建客房

通过循环查看所请求
的预订量来创建预订

```
        System.out.println("Current ROOM database state:");
        queryTools.outputTables("SELECT * FROM ROOMS");

        System.out.println("Current BOOKING database state:");     输出每个表的内容
        queryTools.outputTables("SELECT * FROM BOOKINGS");
    }
}
```

最后，我们更新 DataAssistant 类中的 main 方法来处理 SQL Exception，这样就完成了以下代码：

```
public static void main(String[] args) throws SQLException

        OpenAiChatModel model = OpenAiChatModel
                .builder()
                .apiKey("API-KEY-HERE")
                .modelName(OpenAiChatModelName.GPT_3_5_TURBO)
                .build();

        DataAssistantService dataAssistantChat =
        ➥ AiServices.builder(DataAssistantService.class)
                .chatLanguageModel(model)
                .tools(new DataAssistantTools())
                .build();

        while(true){
            Scanner scanner = new Scanner(System.in);
            System.out.println("What do you need?");

            String query = scanner.nextLine();
            String response = dataAssistantChat.sendPrompt(query);
            System.out.println(response);
        }
    }
```

一切就绪后，我们现在可以测试智能体，首先要求它创建我们期望的数据：

(MW) 为我创建 2 间客房和 3 个预订。

得到如下回复：

(⑨) 已成功创建 2 间客房和 3 个预订。

然后，我们可以通过向智能体发送附加指令来确认数据已创建：

(MW) 请列出数据库内容。

输出结果类似如下：

(⑨) Current ROOM database state:

101 single 1 TRUE /images/room2.jpg A generated description [TV, WiFi, Safe] 100

101 single 1 TRUE /images/room2.jpg A generated description [TV, WiFi, Safe] 100

Current BOOKING database state:

1 James Dean TRUE 2022-02-01 2022-02-05

1 James Dean TRUE 2022-02-01 2022-02-05

1 James Dean TRUE 2022-02-01 2022-02-05

将数据库查询集成到工具中后，我们就可以与智能体进行交互，并让它们执行任务。我们还可以让智能体再进一步，赋予它在一个链中运行多个工具的能力，将在一个工具中创建的数据在另一个工具中进行操作。

9.2.3 将工具串联起来

目前，我们的工具是相互独立的。客房工具创建的客房，会为每一行生成唯一的 roomid 键，但我们在创建新预订时并没有使用它们。我们只是对值进行了硬编码。因此，为了让我们的智能体更加动态，并赋予它一个更复杂的问题，让我们看看如何将最近创建的客房的 roomid 传递给创建预订工具。

首先，我们需要在 QueryTools 类中创建一个方法，该方法将返回最近创建的客房的 roomid，如果数据库中当前没有客房，则返回 0：

```
public int getRoomId() throws SQLException
    Statement st = connection.createStatement();
    ResultSet rs = st.executeQuery("SELECT roomid FROM ROOMS
    ➥ ORDER BY roomid DESC");

    if(rs.next()){
        return rs.getInt("roomid");
    } else {
        return 0;
    }
}
```

有了新方法后，接下来用 DataAssistantTools 创建一个新工具：

```
@Tool("Get most recent roomid from database after
➥ rooms have been created")
public int getRoomId() throws SQLException {
        return queryTools.getRoomId();
}
```

请注意，@Tool 注解中说明，我们希望在创建客房后再运行此提示词。虽然这并不能保证 LLM 运行工具的顺序，但如果我们希望以特定顺序创建客房和预订，这就起到了防护作用。此外，我们还会向 LLM 返回整数 roomid。我们将 createBookings 方法更新为以下内容：

```
@Tool("Create booking records")
public void createBookings(@P("Amount of booking records to create")
```

```
→ int count, @P("Most recent roomid") int roomid) throws SQLException {
    System.out.println("I will create the bookings for room: " +
    → roomid);
    for(int i = 1; i <= count; i++){
        queryTools.createBooking(roomid);
    }
}
```

在这个更新的方法中，我们以 @P("Most recent roomid") int roomid 的形式添加了一个新参数。要查看提取 roomid 的实际效果，我们在将 roomid 传递给 createBooking 供 INSERT 语句使用之前，先将它用 System.out 输出。为了使用 roomid，我们回到 QueryTools 并更新 createBooking 方法，将 roomid 作为参数并添加到 SQL 语句中：

```
public void createBooking(int roomid) throws SQLException
    Statement st = connection.createStatement();
    st.executeUpdate("""
            INSERT INTO BOOKINGS (roomid, firstname, lastname,
            → depositpaid, checkin, checkout)
            VALUES (
                ?,
                'James',
                'Dean',
                true,
                '2022-02-01',
                '2022-02-05'
            );
        """.replace("?", Integer.toString(roomid)));
}
```

现在我们的代码已经就位，我们的智能体可以使用一个工具从数据库中提取 roomid，然后在第二个工具中使用该值，在我与我的智能体的聊天示例中，可以看到它的实际应用：

你需要什么？

创建三间客房。

已成功创建三间客房。

你需要什么？

列出数据库。

Current ROOM database state:

101 single 1 TRUE /images/room2.jpg A generated description [TV, WiFi, Safe] 100

101 single 1 TRUE /images/room2.jpg A generated description [TV, WiFi, Safe] 100

101 single 1 TRUE /images/room2.jpg A generated description [TV, WiFi, Safe] 100

Current BOOKING database state:

The database has been successfully displayed.

🌀 你需要什么?

Ⓜ️ 创建三个预订。

🌀 我将为客房创建预订: 3

Current ROOM database state:

101 single 1 TRUE /images/room2.jpg A generated description [TV, WiFi, Safe] 100

101 single 1 TRUE /images/room2.jpg A generated description [TV, WiFi, Safe] 100

101 single 1 TRUE /images/room2.jpg A generated description [TV, WiFi, Safe] 100

Current BOOKING database state:

3 James Dean TRUE 2022-02-01 2022-02-05

3 James Dean TRUE 2022-02-01 2022-02-05

3 James Dean TRUE 2022-02-01 2022-02-05

Three bookings have been successfully created.

　　分析输出结果, 我们可以看到已创建了三间客房, 并通过要求智能体列出当前客房确认了这一点。然后, 智能体被要求创建三个预订, 并成功完成了任务。请注意 "current BOOKING database state:" 下每一行的第一个整数。观察它们现在是如何使用 roomid: 3 的。智能体已成功利用两个工具来查询最新的 roomid, 然后将检索到的 roomid 传递给第二个工具, 由它为我们创建预订。我们可以通过创建更多的客房来确认这并非巧合, 因为我们创建的更多预订中都添加了最新的 roomid (在本例中, roomid 会递增到 6)。

🌀 你需要什么?

Ⓜ️ 再创建三间客房。

🌀 已成功创建三间客房。

🌀 你需要什么?

Ⓜ️ 再创建三个预订。

🌀 我将为客房创建预订: 6
已成功创建三个预订。

🌀 你需要什么?

Ⓜ️ 列出数据库。

这是更新后的数据库：

Current ROOM database state:

101 single 1 TRUE /images/room2.jpg A generated description [TV, WiFi, Safe] 100

101 single 1 TRUE /images/room2.jpg A generated description [TV, WiFi, Safe] 100

101 single 1 TRUE /images/room2.jpg A generated description [TV, WiFi, Safe] 100

101 single 1 TRUE /images/room2.jpg A generated description [TV, WiFi, Safe] 100

101 single 1 TRUE /images/room2.jpg A generated description [TV, WiFi, Safe] 100

101 single 1 TRUE /images/room2.jpg A generated description [TV, WiFi, Safe] 100

Current BOOKING database state:

3 James Dean TRUE 2022-02-01 2022-02-05

3 James Dean TRUE 2022-02-01 2022-02-05

3 James Dean TRUE 2022-02-01 2022-02-05

6 James Dean TRUE 2022-02-01 2022-02-05

6 James Dean TRUE 2022-02-01 2022-02-05

6 James Dean TRUE 2022-02-01 2022-02-05

至此，就完成了使用基本数据来创建智能体。我们已经了解了如何创建多个工具供智能体使用，为我们解决特定请求。这些工具可以赋予智能体与周围世界交互的能力。例如，我们可以创建代码，从数据源中提取相关数据，连接传感器或物联网（IoT）设备，或与外部网站交互。我们还看到了如何将这些与第三方交互的结果反馈到 LLM 中，让它决定下一步该采取什么措施，以及如何利用提取的信息发展进一步的用途。

> **活动 9.1**
>
> 考虑可以通过不同方式扩展该智能体，使其能够执行更多数据助理任务。也许它可以删除或更新数据，或者对示例数据库中存在的数据进行进一步分析。另一个选择是，构建一个能执行其他任务的智能体。

9.3　利用 AI 测试助手向前迈进

测试助手展示了 AI 智能体作为辅助测试活动工具的潜力。我们可以将 AI 智能体视为一种方法，当提示词变得过于复杂，或者我们希望扩展 AI 智能体以与第三方系统对接时，就可以使用这种方法。不过，我们必须清楚地认识到开发 AI 智能体的机遇和挑战。因此，让我们回顾一下我们使用 LLM 支持的各种测试领域，思考如何设计 AI 智能体来进一步扩展我们的提示词，以及可能遇到的问题。

9.3.1　AI 测试助手示例

我们已经看到了 AI 智能体如何帮助扩展 LLM 在测试数据领域的应用。不过，为了将其他测试活动联系在一起，还需要其他类型的 AI 智能体。以下是一些其他类型的 AI 智能体的示例，它们将进一步推动我们的提示词和 LLM 工作。

分析型 AI 智能体

我们已经了解了 LLM 如何帮助我们拓展思路，提出我们可能没有考虑到的想法和风险。AI 智能体可以连接到一系列数据源，因此可以构建一个增强提示词的 AI 智能体作为助手，该助手可以根据整合的业务领域信息提供建议。例如，我们可以使用如图 9.2 所示的智能体。

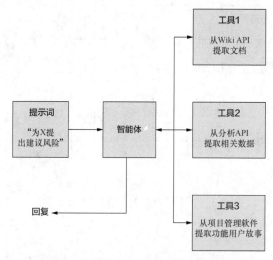

图 9.2　与多个数据源连接的 AI 智能体

像这样的 AI 智能体能够根据给出的指令，确定需要访问的数据源。它可以从知识库和项目管理工具中提取相关文档，或从监控和分析工具中获取原始数据。所有这些经过整合的数据都可以用来改善 LLM 回复的建议答案，这是我们将在后续章节中进一步探讨的话题。

自动化助理式 AI 智能体

我们还研究了在构建自动化时，如果创建了专注于特定任务的提示词，那么 LLM 如何在自动化测试领域发挥最大功效。也就是说，AI 智能体具有跨工具交互、解析和共享信息的潜力，这意味着我们可以创建如图 9.3 所示的智能体。

像这样的 AI 智能体可以分段构建自动化测试的各个部分。然后，构建好的部分可以传递给其他工具，以各种方式加以利用。但这并不意味着这些类型的智能体仍能一次性创建有价值的整体自动化测试。同样，上下文仍然是一个重要因素，需要将其输入这些类型的 AI 智能体中，以便它们能够将规则和期望嵌入自动化中，确保与产品的工作方式保持一致。

探索性测试的 AI 智能体

在这个示例中，我们并不是建议 AI 智能体代替我们进行探索性测试，但 AI 智能体可以作为测试人员的助手发挥作用，如图 9.4 所示。

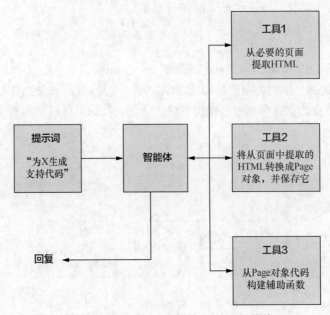

图 9.3　以不同方式处理信息的 AI 智能体

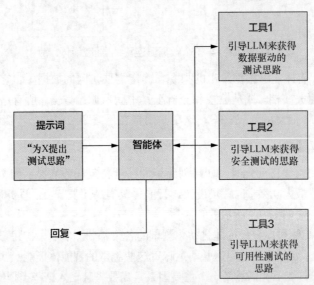

图 9.4　AI 智能体获取相关信息，并利用附加提示词提出建议

　　请注意，在 AI 智能体的示例中，我们正在创建一个助手，它可以接收初始提示词，然后向 LLM 发送进一步的提示信息，以帮助生成有价值的建议。既然 AI 智能体可以通过其工具与

任何系统进行交互，那么它当然可以与 LLM 进行交互。本示例中的 AI 智能体可以帮助解析初始指令，然后利用这些指令来确定可以使用哪些进一步的提示词，这样就会触发一系列不同的提示词，从而产生一些有趣的结果。

当然，这些只是假设的 AI 智能体，但每个示例都表明，它们的成功都源于为智能体接收到的指令创建的提示类型，以及为每个工具分配的提示词。我们的数据智能体示例只有最基本的提示词，但正是在这些地方，我们可以为每个工具提供期望、参数和上下文，帮助 AI 智能体以对我们有价值的方式做出反应。

9.3.2 应对与智能体合作的挑战

建立、使用和维护智能体并非没有挑战。以下是一些需要牢记的挑战。

研究 LLM 的决策过程

毫不奇怪，开发智能体的最大挑战之一就是它的不确定性。当你阅读本章的智能体示例时，很有可能会发现它们要么没有按预期执行工具，要么创建的数据多于或少于所需的数据。对我们来说，智能体所依赖的 LLM 组件并不透明，它决定运行哪些工具及在工具之间共享哪些数据。在我们的示例智能体中，使用的是第三方 LLM，这意味着我们无法深入了解其决策过程，也无法监控其行为或控制 LLM 的调整和运行方式。这种缺乏控制和可观察性的情况可能会成为开发智能体的主要风险。随着智能体的复杂性不断增加，它们会变得更加脆弱，而且我们也无法深入了解出错的原因。

我们可以采取一些措施来降低这类风险。我们可以在自己的平台上运行模型，提高可观察性。不过，虽然这可能会让我们更深入地了解 LLM 在何时做出了哪些决定，但并不意味着我们可以保证智能体的响应结果。

导航防护栏和安全问题

使用智能体时的第二个问题：确保我们输入必要的提示词和代码来处理智能体可能遇到的边缘情况，并防止不良分子利用智能体对业务或他人造成负面影响。利用良好的提示词技术来明确每种工具的用途，并添加制衡措施以帮助智能体拒绝无效或不期望的请求，这是必须的，但这也意味着要识别这些潜在的情况并为其实现防护栏。结果是，智能体需要进行大量的测试和评估，其成本可能会超过最初使用智能体的价值。

出错时的管理

尽管我们付出了最大的努力，智能体有时仍然会出现错误。要么是工具的运行顺序不正确，要么是工具之间的数据传递不成功，要么是工具中的代码存在漏洞。在我们的示例智能体中，这些潜在的错误将被 OpenAI 平台吞掉。当我第一次开发示例智能体时，由于 JDBC

库失效，智能体抛出异常，异常被智能体隐藏，从而引发了各种异常行为。在一个例子中，JDBC 代码的故障方式导致智能体继续尝试创建新记录，并反复触发损坏的函数，以至于整个智能体在函数调用量达到极限时崩溃。问题在于，这个异常并没有与我共享，这给问题的调试带来了困难。

同样，可观察性和监控也是至关重要的，同时还要确保我们编写的代码能够防御潜在的异常或错误。如果我们不捕捉和报告它们，那么它们就会被隐藏起来，从而导致浪费时间去调试一开始就出错的地方。

从根本上说，智能体有望通过支持我们完成任务，提高个人效率。鉴于智能体的自主能力，我们很容易被其潜力所吸引。但是，就像我们寻求使用的任何软件一样，其创建、使用和维护都需要成本。同样，与所有软件一样，它也不是解决所有问题的灵丹妙药。想要有效使用智能体，我们需要花时间考虑需要解决的问题。有时，智能体对我们非常有帮助，但其他方式（如精心设计的提示词）也可能同样有效，或者我们使用其他非 AI 工具可能会取得更好的效果。说到底，智能体只是我们工具集的一种补充，可以在适当的时候选择使用。

小结

- AI 智能体存在于许多不同的 AI 领域。
- AI 智能体是目标驱动型的，能够感知更广阔的世界，具有自主性和适应性。
- LLM 中的智能体是通过函数调用创建的。
- 函数调用是通过提供提示词和代码分组放入函数来实现的，LLM 可以调用这些函数来实现提示词中的目标。
- 函数调用可用于与其他站点和服务交互，将信息反馈给 LLM 进行进一步处理。
- LangChain4J 是一个非常有用的库，可以轻松连接到 LLM 平台并管理 AI 服务（如工具）。
- 我们可以使用@Tool 注解创建工具，这有助于 LLM 将指令与要运行的方法和时间相匹配。
- 我们可以使用@P 注解将从提示词中提取的值作为参数传递到方法中，其作用与@Tool 注解类似。
- 智能体可以通过从方法中返回数据，并使用@P 注解将数据作为参数引入，从而在工具之间发送数据。
- 当智能体无法执行任务或发生错误时，很难发现出错的原因。
- LLM 在决策方面是不透明的，这会给调试问题带来挑战。
- 让智能体面向更广泛的用户群，意味着需要设置防护栏，以防止智能体无法完成任务或轻易被坏人利用。

## 第 3 部分

上下文：为测试上下文定制 LLM

在前文中我们已经看到，通用的提示词往往缺乏对现有产品工作原理以及规则和期望的说明，导致它们的返回结果价值不高。尽管将任务切分成合适的大小至关重要，但通过提供重要信息并为 LLM 的输出设定明确的上下文约束，才是确保回复质量的关键因素。因此，在本书的最后部分，我们将探讨如何将上下文嵌入我们的工作中。

在后续章节中，我们将稍稍偏离先前介绍的技术，探索在 LLM 的提示词中检索和添加上下文的不同方法。这将引导我们进入一些更高阶的主题，如检索增强生成（RAG）和微调（fine-tuning），这并不是为了让我们成为这些领域的专家，而是旨在帮助我们理解这些技术的工作原理，并掌握如何利用它们来最大限度地发挥 LLM 的能力。接下来，让我们深入探讨能够帮助我们将 LLM 作为测试助手的有效方法，从而将测试能力提升到一个新的高度。

第 10 章　引入定制的 LLM

本章内容包括
- 缺乏上下文如何影响 LLM 的表现。
- RAG 的工作原理及其价值。
- LLM 的微调方法及其价值。
- 比较 RAG 和微调方法。

　　在前几章中，我们探讨了如何提升我们的技能，以准确识别大模型（LLM）可以辅助的独特而有针对性的任务。结合一系列提示词工程技术，我们成功地让 LLM 返回了对测试活动有价值的回复。然而，尽管我们已经积累了丰富的经验与教训，但收到的回复仍可能不完全符合我们的需求和上下文。尽管期望 LLM 能完全符合上下文的想法并不现实，但我们可以借助更多高阶技术和提示词工程来进一步优化 LLM 的输出，以辅助我们的测试。因此，在本部分的最后，我们将探讨如何进一步增强 LLM，让它更紧密地契合我们的上下文，我们将重点探讨检索增强生成（RAG）和微调（fine-tuning）两种方法。在深入探讨这些方法的具体实现和操作细节之前，我们将首先研究为什么 ChatGPT、Claude 和 Gemini 等主流的 LLM 可能难以充分适应我们的上下文。接着，我们将逐步介绍 RAG 和微调这两种更高阶的技术，并对它们进行比较，以便在特定应用场景中选择最适合的方法。

10.1　LLM 和上下文面临的挑战

　　我们已经认识到，使用 LLM 面临的主要挑战是确保它们生成的结果能满足以下要求。

- 与特定的上下文相关。
- 遵循指定的提示词规则。
- 避免产生幻觉（即生成错误信息）。

到目前为止，我们已经通过使用提示词工程技术在一定程度上实现了这些目标。回顾第 5 章中的提示词示例，我们可以看到，不满足上述要求的提示词会生成效果较差的回复。例如：

MW　为文件上传功能创建测试。

这样不明确的提示词，LLM 给出的回复也很笼统。

1 文件上传功能测试：
- 测试用例 1.1：上传有效文件
  - 输入：选择一个有效格式的文件（如 .jpg、.pdf）。
  - 预期结果：文件上传成功，并显示确认信息。
- 测试用例 1.2：尝试上传无效文件
  - 输入：选择格式无效的文件（如 .exe、.html）。
  - 预期结果：显示错误消息，说明不支持该文件格式。

2 文件大小限制测试：
- 测试用例 2.1：上传低于大小限制的文件
  - 输入：选择一个小于最大允许大小的文件。
  - 预期结果：文件上传成功，并显示确认信息。
- 测试用例 2.2：尝试上传超过大小限制的文件
  - 输入：选择一个大于最大允许大小的文件。
  - 预期结果：显示错误消息，说明文件超过最大大小限制。

如果提示词内容更详细，并采用正确的提示词设计策略，就能获得更理想的回复。例如：

MW　你是软件测试专家。请针对由三个#号分隔的行为生成尽可能多的风险。

###

授权 API 将从另一个 API 获取令牌（token），检查令牌是否有效以及是否在有效期内，然后根据结果做出正面或负面的回复。

###

回复结果更具体，例如：

1 有效令牌检查：
- 使用有效期内的有效令牌进行测试。预期结果：API 做出正面回复。

2 过期令牌检查：
- 使用已过期的有效令牌进行测试。预期结果：API 做出负面回复。

3 无效令牌检查：

- 使用无效令牌格式（如字符不正确、长度不正确）进行测试。预期结果：API 做出负面回复。

4 空令牌检查：

- 使用空（empty）令牌输入进行测试。预期结果：API 做出负面回复或返回适当的错误信息。

5 无令牌检查：

- 使用无（null）令牌输入进行测试。预期结果：API 做出负面回复或返回适当的错误信息。

第二个提示词取得了更好的效果，因为我们为它提供了更多的上下文，并使用了特定的提示词工程策略。因此，为了充分发挥 LLM 的能力，除了依靠高效的提示词工程技术，还需要尽可能提供最相关的上下文。这样做的原因主要有以下两个。

- LLM 并未在特定的上下文上进行过训练。因此它不会增加上下文的权重或偏置。
- LLM 是在大规模的通用数据集上进行训练的，因此当面临通用性问题时，它将依赖于从训练过程中识别出的更强、更通用的模式。

因此，如果我们想让 LLM 发挥最大作用，从表面上看，答案似乎很简单：为它提供尽可能多的上下文细节（我们已经在一定程度上这样做了）。但是，如果采取这种方法，我们很快就会遇到一些限制，即向提示词传递的上下文信息量是有限的。

10.1.1 词元、上下文窗口和限制

在讨论这种提示词限制之前，我们还需要了解有关 LLM 的一些其他概念，即词元（token）和上下文窗口（context window）。了解 LLM 的这两个方面将有助于我们理解为什么当前的 LLM 在提供上下文时有上限，以及这对我们的使用策略有什么影响。

词元

想象一下，我们向 LLM 发送以下提示词：

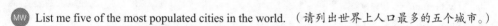 List me five of the most populated cities in the world. （请列出世界上人口最多的五个城市。）

LLM 只能使用机器码解释信息，那么它是如何解析该提示词并返回回复的呢？这是通过一个称为词元化（tokenization）的过程完成的，在这个过程中，自然语言文本被转换成 LLM 可以识别和处理的整数序列。为了理解其工作原理，让我们来看看"List me five of the most populated cities in the world."这个提示词。如果我们对其进行词元化处理，句子就会被分割成更小的、不连续的部分。例如，我们的提示词可以分成 12 个部分：

```
List
me
five
of
the
most
```

```
populated
cities
in
the
world
.
```

　　我们可以看到,句子中的每个单词和句末的句号都被分割成了各个较小的部分,称为词元。请注意,它们还包括每个单词左边的空格。一般来说,句子中的每个单词都会被分割成相应的词元;不过,有些词元化工具有时会将较大的单词分割成单个词元,或者将较小的单词组合在一起。

　　一旦句子经过词元化处理后,每个词元都会被映射为一个唯一的整数标识符,这些数字表示词汇表中的唯一标识符。例如,完成上述提示词的词元化后,就会得到一个数字列表(为了便于阅读,我们添加了逗号和空格):

 861, 757, 4330, 315, 279, 1455, 35459, 9919, 304, 279, 1917, 13

　　该列表中的每个数字都与提示词中的特定片段对应。例如,词元"the"的唯一标识符是279,我们可以看到 279 在列表中出现了两次,分别对应于句子中出现的两个"the"。提示词一旦完成词元化过程后,生成的整数序列将被输入模型,模型根据该序列开始推理并生成回复。随后,词元化过程将被再次应用于模型的输出,即创建模型的回复文本,在这一过程中,模型首先会以一系列整数表示输出内容:

　　53954, 16417, 11, 6457, 198, 16939, 6151, 11, 6890, 198, 2059, 31170,
　　11, 5734, 198, 50, 3496, 38026, 11, 16327, 198, 44, 30955, 11, 6890

　　将上述整数序列转换成文本,将得到如下回复(整数序列中还包含换行符,每当出现整数11 时,表示发生换行操作):

　　Tokyo, Japan

　　Delhi, India

　　Shanghai, China

　　São Paulo, Brazil

　　Mumbai, India

尝试词元化工具

　　为了更好地了解词元化过程的工作原理以及单词、数字和符号的切分方式,我们可以尝试使用词元化预览工具。

　　词元是 LLM 的一个重要组成部分,它不仅定义了模型如何解析提示词并生成回复,还决定了能够传输给模型的提示词长度上限。此限制引出了上下文窗口和上下文挑战的关键问题。

上下文窗口

词元化过程是将自然语言转换为整数序列供 LLM 处理，因此提示词越长，需要处理的词元就越多。较长的提示词集合带来了更高的计算负担，影响了模型的处理效率和资源消耗。随着提示词长度的增加，生成回复的复杂度也随之上升，这意味着需要使用的硬件资源也随之增加。所有这些都带来了成本压力，如果使用私域 LLM，则需要支付托管费，如果使用 API 访问服务，费用则根据发送和接收的词元数量进行计算（如 OpenAI 等平台）。

此外，更大的上下文窗口并不一定意味着 LLM 会有更好的表现，这使得 LLM 的使用者需要在性能和成本之间做出权衡。因此，LLM 需要对模型在特定时间内可接收的词元数量进行限制，这就是所谓的模型上下文窗口。不同的模型具有不同大小的上下文窗口，有时也称为上下文长度。所有这些都取决于模型的训练类型、运行硬件及其部署方式。例如，据估计，OpenAI 的 ChatGPT4 的上下文窗口为 128k 个词元，而 Meta 的 Llama-2 的上下文窗口为 4k 个词元（修改前）。因此，为了确定在特定情况下使用哪种 LLM，我们必须考虑上下文的长度。如果为了节省成本而选择窗口大小有限的模型，可能会限制我们向提示词中添加上下文的能力。

并非所有上下文窗口都相同

在讨论上下文窗口时需要注意的一点是，虽然一个模型可以接受 128k 个词元请求，但这并不意味着它的回复也会有同样的限制。事实上，为了降低成本，回复的窗口可能会小得多。这并不会直接影响我们在后续章节中的学习，但这是一个值得注意的细节，在期待模型返回大量回复时必须牢记在心。

10.1.2 嵌入上下文作为解决方案

我们已经理解了 LLM 通过词元化的方式来解析请求，而且我们可以发送给 LLM 的词元大小有限，现在我们就可以开始了解在提示词中添加更多上下文时所面临的问题。虽然 LLM 发展迅速，它的效率越来越高，提供的上下文窗口也越来越大，但想要在提示词中添加应用程序的完整代码等内容，根本不划算。我们最终要么会触及模型能力的上限，要么会快速消耗我们的预算。作为替代，为了最大限度地提高准确性，我们需要考虑如何智能地将上下文嵌入提示词和 LLM 中。幸运的是，AI 研究界已经开展了大量工作，我们可以基于这些研究成果，采用更加高效的上下文嵌入策略提高模型的准确性，同时避免消耗过多计算资源或预算。

10.2 将上下文进一步嵌入提示词和 LLM 中

为了提高 LLM 对上下文的理解能力，我们可以使用两种技术，即 RAG 和微调。在接下来的章节中，我们将探讨这两种方法的工作原理、它们之间的区别，以及如何判断哪种方法更适合优化 LLM 的回复。虽然这两种方法在应用上有所不同，但它们的最终目标是相似的：通过为 LLM 的工作流程添加更多上下文，帮助提高模型的表现。检索增强生成通过专注于增强提示词的方式来解决问题，而微调则通过将上下文直接融入模型本身。让我们简单了解一下这两种方法，以便更好地理解它们，并判断在不同情况下哪种方法更合适。

10.2.1　RAG

正如我们之前所了解到的，LLM 的输入会受到上下文窗口大小的限制，想要将所有上下文都包含在一个提示词中，以此来改善 LLM 回复是不现实的。但是，这并不意味着我们无法选择性地在提示词中提供特定类型的上下文信息。为了提高 LLM 回复的准确性，关键不在于强行将上下文传递给 LLM，而在于精心设计提示词，让它包含与上下文相关的所有信息，从而支持结果的生成。例如，如果我们希望 LLM 能够自动检索并生成模板页面对象，最好提供页面的 HTML 和相关代码，而非将整个代码库添加到提示词中。

从表面上看，这似乎是一种有效而简单的方法：编写我们的提示词，查找相关的支持信息，并将两者合并为最终的提示词传递给 LLM。但问题在于，这可能是一项劳动密集型活动，需要判断哪些信息需要添加，哪些可以忽略。幸运的是，在这方面 RAG 正好可以给我们提供有力的支持。如图 10.1 所示，RAG 的工作原理是通过使用初始指令来识别和筛选应纳入提示词的相关信息，从而在提示词中有效地嵌入相关上下文信息。

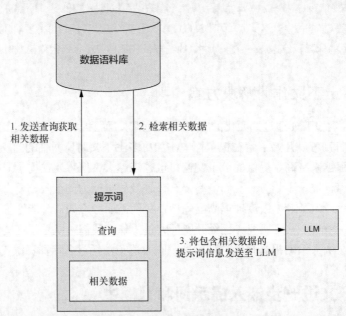

图 10.1　RAG 工作流程图

为了帮助我们更好地理解这一过程，让我们回到页面对象生成的例子。在 RAG 框架下，其工作流程如下：

（1）创建一个信息语料库。在示例中，它包含应用程序每个页面带标签的 HTML 文档。

（2）创建一个提示词，要求 LLM 为预订列表页面生成一个页面对象。

（3）RAG 框架会分析提示词，并以程序化的方式在 HTML 文档语料库中找到最相关的文档。如果 RAG 框架工作正常，它将检索出最相关的包含预订列表的 HTML 文档。

（4）将最相关的 HTML 文档添加到最初创建的提示词中，然后将提示词发送给 LLM，由 LLM 给出回复。

RAG 通过分析提出的问题，自动识别出正确的上下文信息，从而为提示词进一步提供精准的上下文补充。这样做的好处在于，它可以帮助我们创建一个包含最具相关性信息的提示词，从而做出比缺乏相关上下文时更准确的回复。另外，RAG 允许我们嵌入易于解析且能够进行相关性检索的任何数据类型，如代码、文档、数据库条目以及原始测量数据等。此外，我们还可以控制如何判定相关性，从而确保在提示词中插入的上下文信息类型符合实际需求。

得益于以上原因和相对简易的设置方式，RAG 已成为增强我们与 LLM 交互的一种广泛应用方法。在理解 RAG 的工作原理后，我们就可以看到它在测试上下文中是如何发挥作用的。我们已经探讨过利用 RAG 提取代码库中的部分代码，以生成创建自动化的提示词，此外，RAG 还可以辅助风险分析相关的查询，帮助我们深入理解产品的功能与架构，并为测试方案的设计提供支持。此外，RAG 框架中的各种测试工件（如探索性测试笔记、测试脚本或自动化代码）也能进一步增强我们在前几章中探讨的提示词。从本质上说，如果我们希望以标准化格式存储数据，并确保数据易于检索，那么这些数据就能够被有效地整合进 RAG 框架中。

10.2.2　微调 LLM

RAG 侧重于通过添加有针对性的上下文资料来增强提示词，微调则着重于增强我们正在使用的模型本身。微调使用一系列工具和技术，对已经初步训练过的模型进行进一步训练，旨在使模型在特定数据上产生更强的偏向性，如图 10.2 所示。

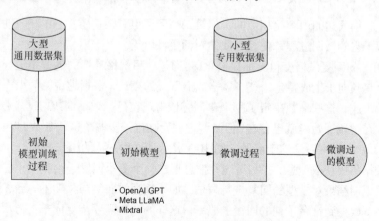

图 10.2　训练与微调之间区别的图示

如图 10.2 所示，微调是针对已经在大量语料库数据上训练过的基座模型进行的。例如，ChatGPT 的免费版本是在 OpenAI 的 GPT-3.5-turbo 模型上进行微调后的版本。GPT-3.5 经过一系列训练后获得了核心能力，但在与人互动时，它缺乏聊天机器人的语气和特征。例如，在向 GPT-3.5 发送以下提示词后（微调前）：

> (MW) 你是资深的旅行代理商。请给我一份伦敦三大旅游景点的清单。

会收到以下回复：

> 1 大英博物馆：这座标志性博物馆收藏了来自世界各地的大量艺术品和文物，包括罗塞塔石碑和备受争议的埃尔金大理石雕。它是历史和文化爱好者的必游之地。
> 2 伦敦塔：这座历史悠久的堡垒位于泰晤士河畔，曾是皇家宫殿、监狱和军械库。游客可以参观王冠上的珠宝，观赏著名的乌鸦，并了解伦敦塔引人入胜的历史。
> 3 伦敦西区：伦敦著名的剧院区，它是世界级戏剧和音乐剧的发源地。在皇家歌剧院或国家剧院等众多历史悠久的场所观看演出，体验伦敦充满活力的表演艺术的魅力。

在向 ChatGPT（GPT-3.5 的微调版本）发送提示词后，会收到以下回复：

> 没问题！伦敦的景点数不胜数，但以下是三个必去的景点。
> 1 大英博物馆：这里是人类历史和文化的宝库，馆内收藏着数百万件跨越世纪和地域的文物。从罗塞塔石碑到埃及木乃伊，再到埃尔金大理石雕，参观大英博物馆是一次迷人的文明之旅。
> 2 伦敦塔：伦敦塔是一座标志性的堡垒，它充满了历史和传奇色彩，几个世纪以来曾作为皇宫、监狱和金库。游客可以探索其古老的城墙，欣赏王冠上的珠宝，聆听著名囚犯和处决的故事。
> 3 威斯敏斯特大教堂：作为哥特式建筑的杰作，威斯敏斯特大教堂不仅是一个礼拜场所，也是皇室加冕、婚礼和葬礼的举办地。游客可以欣赏到令人惊叹的彩色玻璃窗、精致的石雕以及艾萨克·牛顿、查尔斯·达尔文和伊丽莎白一世等名人的墓碑。
> 这些景点让游客能够深入了解伦敦的历史、文化和遗产。

事实上，它们表达的内容是相似的，但第二个回复更有亲切感。它的语气更随意和友好，而这一切都源于它的微调过程，使其与我们对话更像聊天。

将 ChatGPT 的回复风格变得更加口语化，是通过使用严格筛选的数据集进行模型训练实现的，目的是使其倾向于生成特定语气、风格或上下文的表达。概括地说，一个模型由数百万或数十亿个参数组成，这些参数决定了哪个单词应该出现在另一个单词或单词集合之后的概率。尽管这些参数在微调开始时就已存在，但微调过程旨在进一步调整这些参数，以实现最终目标。我们将在第 11 章中详细讨论这个问题，图 10.3 展示了这种方法的工作原理。

微调从数据集中获取信息，并利用这些信息形成一个提示词发送给我们正在进行微调的模型，然后根据预期结果对模型的回复进行评估。如果模型的回复与预期不一致，则对模型进行调整，以增加下次得到符合预期的回复的概率。这样的调整需要重复成千上万次，甚至数百万次，模型才能逐渐接近最终目标，即我们希望将模型调优到我们期望的状态。

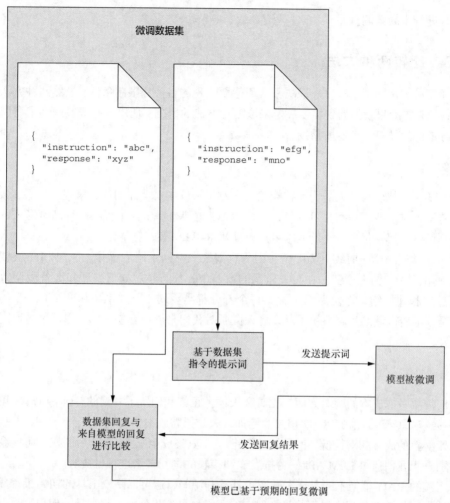

图 10.3 微调工作原理的图示模型

对模型进行微调可以带来一系列好处。我们已经从将 GPT 微调为 ChatGPT 的过程中看到了这一点，而且我们还以 GitHub Copilot 的形式使用了微调后的 GPT 模型。这些例子展示了微调在测试上下文中的广泛用途。因此，我们可以根据来自文档或测试工件的自然语言文本对模型进行微调。这可用于将特定领域的术语嵌入模型的回复中，从而促使回复更符合我们的上下文。微调还可以在代码库上进行，以帮助我们进行额外的风险分析，理解代码的执行过程，或充当更有效的代码助手。

在讨论微调时需要注意，不能误以为我们是在将上下文教给模型。LLM 并不像人类那样思考。教模型了解我们的上下文只是一个相对贴切的类比。其挑战在于它并不是一个精确的过程，这意味着我们可能需要多次反复才能得到想要的结果，而且随着上下文发生变化，可能还需要进行进一步的微调。

10.2.3　比较两种方法

选择哪种方法在很大程度上取决于我们想要实现的目标和限制条件。虽然两种方法并不完全相同，但是，如果我们遇到需要决定采取哪种方法的情况，使用一些一般属性来帮助我们评估每种方法的优缺点，会有所帮助。

学习曲线

虽然学习新技能与个人能力和技能相关，对于阅读本书至此的读者来说，熟悉 RAG 框架比微调的学习难度要小一些。可以说，使用 RAG 框架是提示词工程的一种高阶形式，许多现成的工具可供使用，付出较小的成本就可以使用 RAG 框架。

然而，微调的学习曲线更为陡峭，因为它涉及一系列不同的操作、工具和注意事项，其范围比使用 RAG 要大得多。在有关微调的章节中，你将学习如何整理和准备微调数据、执行微调过程和评估结果以及后续步骤。每个部分都需要对工具、框架和方法有一定的了解。幸运的是，随着微调的生态系统不断发展，微调对我们来说更容易入门，它已不再像过去那样遥不可及。

成本

我们需要考虑成本的两个方面：工具和人才。正如我们所了解到的，学习 RAG 可能比微调更容易。这意味着，实施 RAG 相关的培训或人才招聘成本相对较低。至于工具，使用 RAG 进行初始配置的成本相对较低，但是，RAG 框架工具集成第三方 LLM 后的成本可能会急剧上升，特别是当我们通过 LLM API 平台按发送和接收的词元数量进行付费时。

与主流的 RAG 框架不同，许多微调工具是开源的，这可以降低工具的初始投资成本。一些平台的出现使微调过程变得更容易，但它们通常也是有代价的。就工具的使用而言，它的成本更多地体现在支持微调所需的硬件上。实施微调需要大量的 CPU、GPU 和 RAM 资源，如果我们想进行大规模微调，则需要投入更多资源。此外，一旦微调好的模型投入使用，还需要支付托管费用。最后，微调由多项活动组合而成，因此培训或招聘的成本可能会更高，这取决于我们对微调过程中每个环节的细节要求程度。

投入生产的速度

考虑到现成的工具可以支持 RAG 框架，RAG 的设置和运行可以非常迅速。在使用 RAG 时，重点将集中在两个方面：希望向 LLM 发送的提示词（包括附加数据），以及希望存储和提取的相关数据。尽管这些方面还有很大的改进空间，但将 RAG 框架设置到初步令人满意的状态并不需要太多时间。

由于涉及的步骤较为烦琐，微调取得成效通常相对较慢。例如，整理和准备用于微调的数据集本身就是一项复杂的工作。根据硬件的差异，微调的过程可能需要较长时间来完成，甚至较小规模的微调也可能需要数小时。此外，微调的过程通常需要多次迭代，因为需要调整模型配置、优化参数设置以及更换或改进数据集，所以可能需要一段时间的调整和验证才能获得令人满意的微调模型。

控制

尽管至今为止的大多数比较都表明 RAG 框架更加有优势，但这些优势确实需要权衡。当我们把"控制"作为使用 LLM 的一个质量特征时，这意味着我们需要考虑自己对改进过程有多大的影响力，对模型的表现有多大的洞察力，以及对 LLM 行为有多大的掌控力。此外，隐私保护和数据控制也是需要考虑的重要因素。

目前市面上可供购买的 RAG 工具都托管在不透明的平台上。这意味着我们对用于检索的数据如何存储以及相关性算法如何运作的控制能力比较弱。例如，RAG 框架中使用的一项技术是向量数据库。向量数据库中的数据存储和关系维护方式并不在我们的控制范围内，但却对相关数据的返回有很大影响。此外，此类工具都倾向于鼓励我们使用像 OpenAI 的 API 这样的平台，这进一步减少了我们在选择模型和控制 LLM 响应方式上的自由度。

微调在很大程度上是一种实验，这意味着我们必须全面控制微调的各个环节。因为微调包含许多步骤，所以我们需要掌控每个环节中的操作。我们可以控制要使用哪些数据及其格式，还可以控制选择微调哪种类型的模型以及如何进行微调。此外，因为微调后的模型可以部署到不同的环境中，所以通过对模型的部署位置和访问权限进行严格控制，可以使它更适合基于企业的应用。

以上对比有助于我们了解两种方法之间的差异，图 10.4 对此进行了总结。

	学习曲线	成本	投入生产的速度	控制
检索增强生成	如果熟悉提示词工程，就很容易掌握	入门费用相对较低；根据使用情况，费用可能会增加	可快速搭建 RAG 框架	依赖其他工具会使框架控制变得困难
微调	要求具备使用多种工具和流程的经验	工具成本低，但模型训练所需的硬件成本相当昂贵	设置微调流程通常是一个耗时的过程，可能需要多次调整	工具可对微调过程和参数进行微观层面的控制

图 10.4 RAG 与微调的快速比较

当然，这些对比在很大程度上取决于具体的上下文，但它们确实表明了 RAG 可以作为一种更快、更具成本效益的方法，值得首先尝试。如果我们希望对 LLM 的回复方式具备更精细的控制，并且愿意投入更多的资源进行优化，那么微调可以给我们带来更显著的效果和回报。

10.2.4　结合 RAG 和微调

　　我们已经探讨了这两种方法的不同之处，但在本章结束之前，需要说明的是，这两种技术并不相互排斥。鉴于 RAG 侧重于优化提示词，而微调侧重于对模型参数的调整，将这两者结合起来可以进一步提升模型的回复能力。然而，这种结合方式也意味着构建、训练和调试的复杂性会显著增加。特别是，将经过微调的模型集成到 RAG 框架并部署到生产环节的成本会显著增加，而且如果模型不能按照预期运行，我们如何对系统进行有效诊断和调整是一个不可忽视的问题。无论我们在 RAG 和微调之间做选择，还是将两者结合起来，都需要充分认识到这是处理系统不确定性所面临的挑战。因此，在评估将 LLM 用作测试助手的方法时，我们必须保持持续的、健康的怀疑态度。

小结

- 使用 LLM 的主要挑战之一是让它们返回与上下文相关的、有价值的结果。
- 要获得符合预期的回复，就需要为 LLM 提供尽可能多的相关上下文。
- LLM 通过词元化过程将文本转换为数字（即词元）来解释自然语言文本。
- 根据 LLM 模型的复杂程度和运行硬件的不同，LLM 在给定时间内只能处理一定数量的词元。
- LLM 在给定时间内可以处理的词元数量被称为"上下文窗口"。
- 由于 LLM 的上下文窗口大小有限，我们必须提出不同的策略，以便在不产生过高成本的情况下嵌入上下文。
- 有两种方法可以用来添加上下文，即检索增强生成（RAG）和微调。
- RAG 将额外的相关信息添加到提示词中，以改进 LLM 回复的过程。
- RAG 的工作原理是连接到数据语料库，基于给定的提示词查询最相关的资料。然后，将所有这些信息与原始提示一起合并成一个新的提示词，供 LLM 使用。
- 微调利用模型训练技术，用更多的数据来调整已经训练好的模型。
- 微调允许我们修改 LLM 回复的语气、细节或方式。
- 微调可以帮助我们针对上下文来调整 LLM 的参数，使它对上下文更加敏感，从而满足我们的需求。
- 学习如何使用 RAG 框架往往比微调更快、更容易。
- 微调需要熟悉不同的流程和工具，以执行完整的流程。

- RAG 的工具和人才成本相对低于微调。
- 现有的 RAG 平台使 RAG 的设置和运行变得更简单。
- 微调需要投入更多的时间来调整模型并投入使用。
- 在最终使用的模型或框架方面，微调相比于 RAG 提供了更强的控制能力。
- RAG 和微调可以结合使用。

第 11 章　基于 RAG 的上下文提示词

本章内容包括
- RAG 的工作原理。
- 使用工具创建基本的 RAG 设置。
- 将向量数据库集成到 RAG 设置中。

　　正如在第 10 章中所了解到的，使用大模型（LLM）的一大挑战在于它难以充分理解我们的上下文。在本书的第 2 部分，我们探讨了使用不同的方式来构造提示词，以帮助模型更好地理解上下文信息。然而，只有先解决了缺乏额外上下文而导致的回答价值偏低的问题后，这些优化的提示词才能发挥应有的作用。因此，为了提高 LLM 回答的价值，我们需要在提示词中加入更多的上下文细节。本章将深入探讨如何通过检索增强生成（RAG）来实现这一目标。我们将了解 RAG 的工作原理与优势，并演示从提示词工程到构建自己的 RAG 框架示例的过程，从而帮助读者理解它们如何在测试上下文中提供帮助。

11.1　利用 RAG 扩展提示词

　　简而言之，RAG 是一种通过将现有语料库与提示词相结合，来提高 LLM 回答质量的方法。虽然这大体上解释了 RAG 的工作原理，但我们还需要深入研究，才能更好地理解这种数据组合是如何实现的。RAG 系统的流程相对简单，如图 11.1 所示。

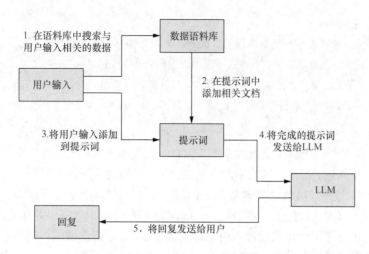

图 11.1 基本 RAG 系统工作原理图示

我们从用户输入开始，可以是某种形式的查询。例如，我们可以向 RAG 系统发送一个查询，如"我想要删除预订的测试思路"。然后，这个查询会被发送到一个库或工具，该工具会在数据语料库内查找相关内容数据。在我们的示例中，数据集可能是定义了系统中每个功能的用户故事集。该库或工具将确定哪些用户故事最相关，然后将它返回并添加到提示词中：

> 你是一个能为测试提供建议的机器人。根据提供的用户故事，回答并建议需要测试的风险。
>
> 用户故事是：{相关文档}
>
> 用户输入是：{用户输入}
>
> 请根据用户故事和用户输入编写一份测试的风险列表。

LLM 将同时处理用户查询和相关文档，返回的回复比直接向 LLM 发送查询"我想要删除预订的测试思路"更准确。

通过在{相关文档}处提供与{用户输入}初始查询相关的提示词数据，我们就能得到更准确、更有价值的回复。但这也引发了一个问题：为什么需要首先查找相关数据？难道不能直接发送每个提示词中的数据，从而省略相关性检查吗？有针对性地向提示词中添加文档非常重要。我们首先需要考虑提示词的大小，这取决于其最大序列长度的限制，即上下文窗口。上下文窗口定义了 LLM 单次可以处理单词或词元的数量。如果我们添加的词元数量超过了上下文窗口的限制，那么 LLM 会在提示词结束时截断多余的词元（导致提示词部分缺失），或者返回错误。实际上，Meta 的开源 LLM Llama-2 的默认上下文窗口为 4 096 个词元，相当于大约 10 页书籍的内容。这看起来可能很大，但我们的测试和开发工件（例如用户故事、测试脚本、代码）与其相比往往要大得多。

词元和企业 AI 成本

如果我们使用的模型是根据发送的词元数量进行收费的,那么提示词中包含的词元数量是一个重要的考虑因素。例如,在撰写本书时,GPT-4 turbo 模型的上下文窗口为 128k 个词元,每 100 万个词元的费用为 10 美元。因此,如果我们试图最大化地使用每个提示词的上下文窗口,那么每个提示词的费用大约为 1.28 美元,这将迅速耗尽我们的预算。因此,运用 RAG 构建有效的提示词既能获得最准确的回复,还能有效控制成本。

新一代 LLM 的出现提供了更大的上下文窗口,可以解决提示词长度受限的问题。然而,这又引出了另一个问题,即相关性检索的准确性。如果我们使用更大的上下文窗口,以 GPT-4 的 128k 上下文窗口为例,虽然窗口增大了,但如果盲目添加过多上下文数据,可能会降低 LLM 的回复质量。这是因为我们提供的数据越多,LLM 在解析提示词时需要处理的噪声也就越多,进而导致生成的回复过于泛化或包含不相关的信息。此外,这还会增加调试提示词和模型回复的难度。正如我们在前几章中多次探讨过的,构建精准的提示词类型对于获取理想回复至关重要。因此,有针对性地为提示词提供特定信息可以提高获得理想回复的概率,这意味着我们需要在上下文的信息量上进行权衡,既不能因提供过多的上下文而削弱回复的效果,也不能因提供过少的上下文而遗漏重要的细节。

最后,通过将语料库数据与提示词以及 LLM 分开存储,我们可以更精确地控制数据的使用,并在需要时对存储的数据进行动态更新。虽然向量数据库(我们将在本章后续部分详细探讨)已成为与 RAG 平台紧密集成的默认工具,但我们同样可以使用任何符合要求的其他数据库。只要我们能够识别并检索到需要添加到提示词中的相关数据,RAG 就能提供高度灵活的数据获取机制,以获得精准的上下文。

11.2　构建 RAG 框架

现在我们已经了解了 RAG 框架的工作原理,为了更好地理解其各个部分,让我们来看看如何构建一个基础的 RAG 系统。我们将执行以下步骤来创建框架。

(1)导入包含用户故事的文本文档集。

(2)根据用户查询,在用户故事集中检索最相关的文档。

(3)将相关文档和用户查询添加到提示词中,并通过 OpenAI 平台将其发送给 GPT-3.5-turbo。

(4)对模型回复进行解析,并输出 LLM 返回的详细信息。

活动 11.1

在本章的这部分中,我们将逐步介绍构建一个基础的 RAG 系统所需的步骤。如果你希望跟随示例构建自己的 RAG 系统,可以根据"资源与支持"页中的指引下载该框架所需的初始代码。所有必要的辅助代码都可以在代码库中找到,RAG 框架的完整版本也存储在 CompletedRAGDemo 文件中,以供参考。

11.2.1　构建我们自己的 RAG 框架

我们将从一个已部分完成的项目开始，该项目的示例框架代码也可以在 GitHub 上找到。该项目包含以下信息，可帮助我们快速入门。

- 文档语料库数据存储在 resources/data 目录下。
- 构建和运行 RAG 框架所需的所有依赖项配置在 pom.xml 中。
- `ActivityRAGDemo` 类中包含一个空的 `main` 方法，我们可以在其中添加逻辑实现代码。

在开始构建 RAG 框架之前，让我们先回顾一下 pom.xml 文件中的依赖库。这些库将帮助我们解析文档内容并与 OpenAI 平台进行交互。

```
<dependencies>

    <dependency>
        <groupId>commons-io</groupId>               将所有用户故事文本文
        <artifactId>commons-io</artifactId>         件添加到字符串集合中
        <version>2.16.1</version>
    </dependency>


    <dependency>
        <groupId>org.apache.commons</groupId>       提供对字符串集合进行
        <artifactId>commons-text</artifactId>       相似性检查的功能
        <version>1.12.0</version>
    </dependency>

<dependency>
    <groupId>dev.langchain4j</groupId>              向 OpenAI 平台发送
    <artifactId>langchain4j-open-ai</artifactId>    提示词
    <version>0.31.0</version>
</dependency>
```

依赖关系配置完成后，接下来需要导入存储在各个文本文件中的用户故事集。每个用户故事都针对性地关注沙箱应用程序 restful-booker-platform（GitHub 中的 mwinteringham/restful-booker-platform 库）中的特定 API 端。以下是一个典型的例子。

- 作为访客，为了取消预订，我希望能够发送一个包含预订 ID 的 DELETE 请求。
- 验收标准：
  - 该 API 端应接收预订 ID 作为输入参数。
  - 如果提供了有效的预订 ID，服务器就会取消预订，响应体中返回的 HTTP 状态码为 200，并包含"OK"状态消息。
  - 如果预订 ID 无效或缺失，服务器将返回的 HTTP 状态码为 400，响应消息为"Bad Request"。
  - 可以选择在 Cookie 中提供一个令牌用于身份验证。

虽然这些用户故事是以本项目为目的而编写的，但我们可以设想，这些数据可以从项目管理平台、测试管理工具或其他任何我们认为相关的结构化数据中提取（从监控指标到维基条目等）。

为了导入用户故事，首先需要在 `ActivityRAGDemo` 类中添加以下方法：

```
public static List<String> loadFilesFromResources(String folderPath)    文件夹路径
➡ throws IOException {                                                    作为参数
    List<String> fileContents = new ArrayList<>();

    ClassLoader classLoader = CompletedRAGDemo.class.getClassLoader();    在资源中定
    File folder = new File(classLoader.getResource(folderPath).getFile()); 位文件夹

    for (File file : folder.listFiles()) {                               遍历文件夹
        if (file.isFile()) {                                            中的每个文
            String fileContent = FileUtils.readFileToString(file, "UTF-8"); 件,并将其内
                fileContents.add(fileContent);                          容添加到列
        }                                                               表中
    }

    return fileContents;       返回文件内容列表,以供后续使用
}
```

通过 loadFilesFromResources 方法可以将所有用户故事文件加载到一个字符串列表中,以便日后查询。为了测试该方法是否有效,我们创建了一个 main 方法,执行该方法即可运行 RAG 设置:

```
public static void main(String[] args) throws Exception {

    List<String> corpus = loadFilesFromResources("data");  从资源内的数据文件夹加载文件

    System.out.println(corpus.get(0));    打印出文件集中的第一个文件
}
```

在集成开发环境(IDE)中运行这段代码后,我们将看到以下输出结果,以确保我们的用户故事已被添加到列表中,以供后续查询。

■ 作为访客,为了更新品牌信息,我希望能够向/branding/发送带有必要参数的 PUT 请求。

■ 验收标准:

   – 系统应支持向/branding/发送包含必要参数的 PUT 请求,且请求体应包含品牌信息,cookie 中包含可选的 token。

   – 如果请求成功,响应体中应返回 HTTP 的状态码为 200,并包含"OK"状态消息。

   – 如果参数错误或数据缺失导致请求失败,系统应返回 HTTP 的状态码为 400,响应消息为"Bad Request"。

   – 请求体中应包含符合 Swagger JSON 定义的有效 JSON 数据格式,确保数据结构与 API 规范一致。

接下来,我们需要考虑向 GPT-3.5-turbo 发送提示词。在下面的提示词中,我们会使用一些对我们来说已经得心应手的策略:

(MW) 你是一名软件测试专家,就测试思路和风险提出建议。你需要根据所提供的以三个#号分隔的用户故事和以三个反引号分隔的用户输入,给出建议的测试风险。

请根据用户故事和用户输入,编制一份建议的测试风险列表。

```
###
{相关文档}
###
```

```

{用户输入}
```
```

请注意我们是如何将"相关文档"和"用户输入"部分进行参数化的。最终，我们的代码
将用相关文档和初始查询来替换这两个部分以进行处理。我们稍后会详细讨论这个问题，但首
先，需要将提示词添加到代码库中：

```
public static void main(String[] args) throws Exception {

    List<String> corpus = loadFilesFromResources("data"); 从资源文件夹加载文件

    String prompt = """
    You are an expert software tester that makes recommendations for
    testing ideas and risks. You answer with suggested risks to test
    for based on the provided user story delimited by three hashes and
    user input that is delimited by three backticks.

    Compile a list of suggested risks to test for, based on the user
    story and the user input.
    ###
    {relevant_document}
    ###
    ```
    {user_input}
    ```
    """;
}
```

（右侧批注）确定发送给 OpenAI 的提示词

下一步是找出哪些用户故事与最终将要输入的查询最为相关。为此，我们将使用 Apache
的 commons-text 库，该库提供了一系列不同的相关性工具，如 Levenshtein 距离、Jaccard 相似
性以及将使用的余弦距离。不同相似性工具的工作原理超出了本书的范围，但需要注意的是，
不同的相似性算法的工作方式各不相同，在生产环境中可能会变得相当复杂，RAG 的实现方
式会影响返回的数据。尽管如此，我们还是需要尝试一些基本方法，以了解 RAG 系统是如何
工作的，因此我们将创建一个相似性匹配方法，并将其添加到类中：

```
public static String findClosestMatch(List<String> list, String query) {
    String closestMatch = null;
    double minDistance = Double.MAX_VALUE;
    CosineDistance cosineDistance = new CosineDistance();


    for (String item : list) {
```

（右侧批注）以用户故事列表和用户查询为参数
```

```
    double distance = cosineDistance.apply(item, query);
```
使用 cosineDistance 生成相似性得分

```
    if (distance < minDistance) {
        minDistance = distance;
        closestMatch = item;
    }
}
```
检查当前相关得分是否低于当前最相关得分

```
    return closestMatch;
}
```
返回列表中最匹配的条目

该方法对每个文档进行遍历，并使用 cosineDistance 计算出相似度。距离越近，说明文档与查询的相似度越高。距离最近的文档最终将被返回，用于生成我们的提示词。

使用不同类型的相关性算法

cosineDistance 只是我们用来确定相关性的众多不同工具之一，每种工具都有自己的优缺点。我们将在本章后续部分了解更多提升相关性搜索效果的工具，但目前，cosineDistance 将帮助我们构建一个可以迭代的工作原型。

接下来，我们可以创建必要的代码来完成提示词生成。为此，我们将扩展 main 方法，首先允许用户输入查询内容，然后进行相似性检查，最后将所有内容添加到提示词中：

```
public static void main(String[] args) throws Exception {

    System.out.println("What would you like help with?");
    Scanner in = new Scanner(System.in);
    String userInput = in.nextLine();
```
等待用户通过命令行输入的查询内容

```
    List<String> corpus = loadFilesFromResources("data");

    String prompt = """
            You are an expert software tester that makes recommendations
            for testing ideas and risks. You answer with suggested risks to
            test for, based on the provided user story delimited by three
            hashes and user input that is delimited by three backticks.

            Compile a list of suggested risks based on the user story
            provided to test for, based on the user story and the user input.
            Cite which part of the user story the risk is based on. Check
            that the risk matches the part of the user story before
            outputting.

            ###
            {relevant_document}
            ###

            ```
            {user_input}
            ```
            """;
```
从资源文件夹加载

```
String closestMatch = findClosestMatch(corpus, userInput);
```
在加载的文件中查找与用
户输入最匹配的文件

```
prompt = prompt.replace("{relevant_document}", closestMatch)
        .replace("{user_input}", userInput);
```
替换提示词中的
占位符参数

```
System.out.println(prompt);
}
```

现在，我们可以运行这个方法，当系统要求输入查询时，我们可以通过提交类似以下的查询来测试提示词生成的效果，例如：

🅜🅦 我想要客房 API 端 GET 请求的测试思路。

提交此查询后，就会生成以下提示词：

🅜🅦 你是一名软件测试专家，请提供测试思路和风险建议。根据所提供的以三个#号分隔的用户故事和以三个反引号分隔的用户输入，给出建议的测试风险。

请根据用户故事和用户输入，编制一份建议的测试风险列表。

###
作为访客，为了浏览可用客房，我希望能够检索所有可用客房的列表

验收标准：
* 我应该收到包含可用客房列表的回复
* 如果没有可用客房，我应该收到一个空列表
* 如果在检索客房列表时出现错误，我应该收到错误请求信息（状态码为 400）

HTTP 有效载荷契约（Payload Contract）

```
{
  "rooms": [
    {
      "roomid": integer,
      "roomName": "string",
      "type": "Single",
      "accessible": true,
      "image": "string",
      "description": "string",
      "features": [
        "string"
      ],
      "roomPrice": integer
    }
  ]
}
    ###
```

```
我想要客房 API 端的 GET 请求测试思路
```

我们可以看到，用户查询已被添加到提示词的末尾，而导入的用户故事是通过 findClosestMatch 方法评估得到的最相关的故事。在这一阶段，我们会发现实现存在局限性。尝试不同的查询可能会导致选中一个与当前查询相关性较低的用户故事。例如，使用以下查询：

> MW 我想要获取一个删除预订 API 端的测试风险列表。

结果会选中以下用户故事：

> MW 作为访客，为了获取预订信息，我希望能够发送一个带有预订 ID 的 GET 请求。

这是因为 cosineDistance 方法在确定相关性方面存在局限性。我们将在本章后续部分探讨如何解决这个问题，但这确实凸显了使用 RAG 框架的局限性或风险。

尽管如此，我们还是需要继续完善 RAG 框架，使其能够向 OpenAI 的 GPT 模型发送提示词以获得回复。为此，我们将再次使用 LangChain 向 OpenAI 发送提示词并获得回复：

```java
public static void main(String[] args) throws Exception {

    System.out.println("What would you like help with?");      // 接收用户的查询，用于后续
    Scanner in = new Scanner(System.in);                        // 的检索与处理（RAG）
    String userInput = in.nextLine();


    List<String> corpus = loadFilesFromResources("data");       // 从资源文件夹中加载文件


    String prompt = """
        You are an expert software tester that makes recommendations
        for testing ideas and risks. You answer with suggested risks to
        test for, based on the provided user story delimited by three hashes
        and user input that is delimited by three backticks.

        Compile a list of suggested risks based on the user story provided    // 构建待发送
        to test for, based on the user story and the user input.              // 给 OpenAI
        Cite which part of the user story the risk is based on.               // 的提示词
        Check that the risk matches the part of the user story before
        outputting.

        ###
        {relevant_document}
        ###
        ```
        {user_input}
        ```
         """;
                                                                             // 在加载的文件中查找与用户
    String closestMatch = findClosestMatch(corpus, userInput);               // 查询最匹配的文件
```

```
prompt = prompt.replace("{relevant_document}", closestMatch)
        .replace("{user_input}", userInput);
```
使用用户查询和文
件替换提示词中的
占位符

```
System.out.println("Created prompt");
System.out.println(prompt);
```

```
OpenAiChatModel model = OpenAiChatModel.withApiKey("enter-api-key");
```
使用 OpenAI 密钥
实例化新的 GPT
客户端

```
String response = model.generate(prompt);
System.out.println("Response received:");
System.out.println(response);
}
```
向 GPT-3.5-turbo 发送提示词
并接收回复

提供 OPEN_AI_KEY

　要向 OpenAI 发送请求，必须提供项目 API 密钥，该密钥可以通过访问 OpenAI 官网生成。你需要在 OpenAI 平台上创建一个新账户，或者根据账户是否有剩余积分，为账户增加积分。设置完成后，需要在代码中直接添加项目 API 密钥，替换 System.getenv("OPEN_AI_KEY")，或者将其作为名为 OPEN_AI_KEY 的环境变量存储。

实现了 GPT 请求后，我们就可以运行一个类似于以下示例的类了：

```
public class CompletedRAGDemo {

    public static List<String> loadFilesFromResources(
    ➥ String folderPath) throws IOException {
        List<String> fileContents = new ArrayList<>();
        ClassLoader classLoader = CompletedRAGDemo.class.getClassLoader();
        File folder = new
        ➥ File(classLoader.getResource(folderPath).getFile());

        for (File file : folder.listFiles()) {
            if (file.isFile()) {
                String fileContent = FileUtils.readFileToString(file, "UTF-8");
                fileContents.add(fileContent);
            }
        }

        return fileContents;
    }

    public static String findClosestMatch(List<String> list, String query) {
        String closestMatch = null;
        double minDistance = Double.MAX_VALUE;
        CosineDistance cosineDistance = new CosineDistance();

        for (String item : list) {
            double distance = cosineDistance.apply(item, query);
            if (distance < minDistance) {
                minDistance = distance;
```

```java
            closestMatch = item;
        }
    }

    return closestMatch;
}

public static void main(String[] args) throws Exception {
    System.out.println("What would you like help with?");
    Scanner in = new Scanner(System.in);
    String userInput = in.nextLine();

    List<String> corpus = loadFilesFromResources("data");

    String prompt = """
        You are an expert software tester that makes
        recommendations for testing ideas and risks. You answer with
        suggested risks to test for, based on the provided user story
        delimited by three hashes and user input that is delimited
        by three backticks.

        Compile a list of suggested risks based on the user story
        provided to test for, based on the user story and the user
        input. Cite which part of the user story the risk is based on.
        Check that the risk matches the part of the user story before
        outputting.

        ###
        {relevant_document}
        ###
        ```
        {user_input}
        ```
        """;

    String closestMatch = findClosestMatch(corpus, userInput);

    prompt = prompt.replace("{relevant_document}", closestMatch)
            .replace("{user_input}", userInput);

    System.out.println("Created prompt");
    System.out.println(prompt);

    OpenAiChatModel model = OpenAiChatModel.withApiKey("enter-api-key");
    String response = model.generate(prompt);
    System.out.println("Response received:");
    System.out.println(response);
    }
}
```

回顾一下，我们已经创建了必要的代码，用于以下方面：

■ 载入文档语料库（在本例中为用户故事）。

- 通过命令行接收用户查询。
- 使用查询找到最相关的文档。
- 将查询和文档一起添加到提示词中。
- 向 OpenAI 发送提示词并获得回复。

一切就绪后，我们就可以启动 RAG 框架并进行测试了。

11.2.2　测试 RAG 框架

RAG 框架开始运行后，系统会询问我们希望输入什么查询。为了测试 RAG 框架，可以尝试输入以下查询：

你需要什么帮助？

我想要品牌 API 端 PUT 请求的有效载荷部分的测试思路。

我们的查询从语料库中检索到以下用户故事：

作为访客，为了更新品牌信息，我希望能向/branding/发送带有必要参数的 PUT 请求。

验收标准：

* 系统应支持向/branding/发送包含必要参数的 PUT 请求，且请求体中应包含品牌信息，Cookie 中应包含可选的 token。
* 如果请求成功，响应体中应返回的 HTTP 状态码为 200，并包含 “OK” 状态消息。
* 如果参数错误或数据缺失导致请求失败，系统应返回的 HTTP 状态码为 400，响应消息为“Bad Request”。
* 请求体中应包含符合 Swagger JSON 定义的有效 JSON 数据格式，确保数据结构与 API 规范一致。

HTTP 有效载荷契约

```
{
  "name": "string",
  "map": {
    "latitude": 0,
    "longitude": 0
  },
  "logoUrl": "string",
  "description": "string",
  "contact": {
    "name": "string",
    "address": "strings",
    "phone": "string",
    "email": "string"
  }
}
```

GPT-3.5-turbo 得出的回复与我收到的回复类似：

🔵 根据用户输入的信息，建议测试以下风险：

1 请求体中缺少必要的参数，如 name、map（latitude 和 longitude）、logoUrl、description、contact 信息（name、address、phone、email）等-此风险基于用户故事中对请求体所需参数的明确要求。

2 向请求体发送无效的数据类型作为参数，如向 name 字段发送数字类型而非字符串类型-此风险基于用户故事中定义的 HTTP 有效载荷契约。

3 发送不符合 Swagger JSON 中定义格式的无效 JSON 数据-此风险源自验收标准中对数据格式的一致性要求，要求提交的 JSON 数据必须严格遵循 Swagger 定义的格式。

4 发送 PUT 请求时缺失 cookie 中可选的 token-此风险基于验收标准中对 cookie 中可选标记的要求。

5 将 PUT 请求发送到错误的 API 端或请求格式不正确-此风险基于用户故事中描述的需要将包含必要参数的 PUT 请求发送到/branding/。

正如我们所预期的，回复中包含了我们要求的风险列表，需要特别关注的是，它是如何返回与特定上下文相关的详细信息的。例如，第一个风险需要重点关注的是缺少必要参数的情况，我们可以看到它列出了用户故事中 HTTP 有效载荷示例中涉及的具体参数，以及其他风险涉及验收标准中的内容，如风险 4 提到使用存储在 cookie 中的可选 token。

我们以用户故事的形式在提示词中提供了额外的详细信息，因此回复能够结合上下文信息给出更精准的回答。为了进一步说明这些附加信息对 LLM 回复质量的影响，下面展示了相同提示词中未添加用户故事时的回复示例。

（1）数据验证：测试有效载荷是否严格遵守 API 文档中规定的数据类型和格式要求。这有助于避免无效数据导致系统出现异常行为。（适用于测试品牌 API 端 PUT 请求的有效载荷）

（2）边界测试：当有效载荷包含数据的上限和下限时，测试系统的行为。这有助于发现系统在处理极端和边缘情况时可能出现的问题。（适用于测试品牌 API 端 PUT 请求的有效载荷）

（3）性能测试：测试系统处理大规模有效载荷时的响应时间和资源使用情况。该测试有助于识别性能瓶颈，评估系统的可扩展性。（适用于测试品牌 API 端 PUT 请求的有效载荷）

（4）安全测试：评估有效载荷输入中可能存在的安全漏洞，如 SQL 注入或跨站脚本（XSS）攻击。这有助于确保系统安全，防止恶意攻击。（适用于测试品牌 API 端 PUT 请求的有效载荷）

正如我们所观察到的，当前的提示词缺乏额外的上下文信息，因此返回的内容显得泛化且浅显，这进一步证明了 RAG 系统在为 LLM 提供提示词方面的价值。

RAG 框架确实存在一定的局限性，我们的基础框架也不例外。举例来说，如果我们发送以下查询：

(MW) 验证身份 API 时（Auth API）应考虑哪些风险？

我们可能会收到如下回复，但是这些信息对我们毫无用处：

1　风险：无法通过提供有效的客房 ID 成功删除客房
- 此风险基于验收标准，即能够通过提供有效的客房 ID 成功删除客房。

2　风险：对无效客房 ID 的错误处理不正确
- 此风险基于验收标准，即在提供无效客房 ID 时应收到错误码为 400 的错误响应。

3　风险：成功删除预订后未显示确认信息
- 此风险基于验收标准，即在成功删除预订后应收到确认信息。

虽然这可能让我们感觉像是 LLM 产生了幻觉，但其实问题出在相关性检查上。我们的查询侧重于身份验证 API（Auth API），其中包括登录、注销和验证 API 端，但回复中提到的客房 ID 说明关于客房的用户故事被认为是最相关的。当我们开始考虑同时从多个数据源提取相关数据时，我们遇到了在 RAG 框架中检索最相关数据的挑战。因此，为了取得改进，我们需要考虑使用更先进的工具来帮助我们提升相关性搜索方面的表现，从而优化 LLM 的回复。

> **活动 11.2**
>
> 　根据项目中的用户故事尝试不同类型的查询，查看哪些查询返回了预期结果，哪些没有。考虑我们可以做出哪些调整来改正错误的查询。

11.3　提升 RAG 的数据存储能力

现在我们对 RAG 的工作原理已经有了更深入的了解，可以开始探索市场上有哪些类型的工具能够帮助我们快速实现框架并与数据进行集成。寻找合适的数据类型来增强提示词的过程可能很棘手，但市场上已经出现了一些工具和平台，通过使用 SaaS 平台和向量数据库，使得构建 RAG 框架变得更容易。因此，让我们简要讨论一下什么是向量数据库，它们是如何发挥作用的，以及如何使用向量数据库来满足我们的需求，以此结束我们对 RAG 的探索。

11.3.1　使用向量数据库

在 SQL 数据库中，数据以不同的数据类型存储在表格内，而向量数据库则不同，它以数值表示的形式存储数据。具体而言，向量数据库是以向量的形式存储数据的，它使用向量来表示实体在多个维度上的位置的数字集合。

为了更好地说明向量是如何工作的，以及它的应用价值，我们可以通过一个典型的软件开发领域——游戏开发来进行阐释。假设在二维世界中存在一个玩家角色和另外两个实体，我们希望知道哪个实体距离玩家角色更近。我们可以使用一个包含 X 和 Y 坐标的向量来确定两个实体的位置。例如，假设玩家角色位于地图的中心位置，那么它的向量为 (0,0)。现在假设两个实体的 X/Y 位置（即向量维度）分别为 (5,5) 和 (10,10)，如图 11.2 所示。

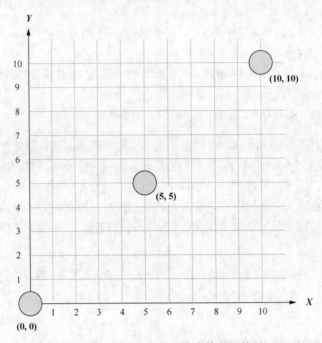

图 11.2　显示玩家角色和实体向量的图

我们可以看到，位置为 (10,10) 的实体距离更远。不过，我们也可以通过计算它们之间的欧几里得距离来比较向量之间的距离。因此，从 (0,0) 到 (5,5) 的距离为 7.071068，而从 (0,0) 到 (10,10) 的距离为 14.14214。当然，这只是一个基本的例子，但对于向量数据库来说，一个实体可能包含许多不同维度的向量，这就使得距离计算变得更加复杂。

虽然如何计算这些向量以及文档的相关度超出了本书的范围，但重要的是要认识到，使用向量数据库的目的是让我们能够通过编程方式计算出我们感兴趣的数据项与查询之间的相似度。换言之，我们使用向量数据库来计算相关性，就像在基本的 RAG 框架中所采取的操作。然而，与仅在单一维度上进行比较有所不同，我们可以同时在多个不同的维度上进行比较。这意味着，在我们迄今为止所做的工作中，对于哪些用户故事与我们的查询具有相关性的准确性得到了提升。向量数据库还支持多重相关性，因此如果实体或文档处于相关性范围内，我们可以将提取多个实体或文档添加到提示词中。

11.3.2 建立基于向量数据库的 RAG

随着基于向量数据库的 RAG 市场的蓬勃发展，类似 LlamaIndex 和 Weviate 这样的工具应运而生。为了以最少的设置和编码快速建立 RAG，我们可以使用一款名为 Canopy 的工具，它是由 Pinecone 公司开发的。Pinecone 能够在云上创建向量数据库，这些数据库在其平台上被称为索引。他们还构建了 Canopy，它是一个与其云设置相集成的 RAG 框架。Canopy 是尝试 RAG 框架的绝佳选择，它与我们早期自行开发的 RAG 框架不同，其大部分工作都由该框架完成。这意味着，与构建自己的框架相比，基于向量数据库的 RAG 框架可以更快地投入使用。虽然获得这种便利需要牺牲一定程度的掌控，但它将为我们提供试用以向量数据库为支撑的 RAG 所需的一切。你可以在 README（GitHub 中的 pinecone-io/canopy 库）中了解更多有关 Canopy 不同模块的信息。

> **Canopy 的前置条件**
>
> 想要运行 Canopy，需要在机器上安装 Python 3.11（仅在安装 Canopy 时需要）。安装完成后，我们只需要使用 Canopy SLI 来设置框架即可。

在开始使用前，首先需要在机器上安装 Canopy，可通过运行 `pip3 install canopy-sdk` 命令来完成。

安装完成后，我们需要一些 API 密钥来进行设置。首先，需要 OpenAI 密钥，可在 OpenAI 官网找到。接下来，需要在 Pinecone 上建立一个账户，并从中提取 API 密钥供 Canopy 创建向量数据库使用。为此，我们需要注册 Pinecone。在设置过程中，你会被要求提供一张用于计费的信用卡，以便将免费账户升级为标准账户。只有升级到标准账户，Canopy 才能创建必要的向量数据库。如果没有升级，将导致 Canopy 开始为 RAG 框架建立索引时出错。在撰写本书时，标准账户是免费的，但不幸的是，我们必须提供我们的账户详细信息，以获得所需的功能。

一旦创建了 Pinecone 账户并将其升级为标准账户，就可以开始使用 Canopy 创建 RAG 框架了。为此，我们需要设置一些环境变量：

```
export PINECONE_API_KEY="<PINECONE_API_KEY>"
export OPENAI_API_KEY="<OPENAI_API_KEY>"
export INDEX_NAME="<INDEX_NAME>"
```

或者，Windows 系统下的设置如下：

```
setx PINECONE_API_KEY "<PINECONE_API_KEY>"
setx OPENAI_API_KEY "<OPENAI_API_KEY>"
setx INDEX_NAME "<INDEX_NAME>"
```

Pinecone 和 OpenAI 的 API 密钥可以在各自平台的管理员部分找到。第三个变量用于设置在 Pinecone 平台上创建的索引名称，因此我们需要为索引选择一个名称，如 `test-index`。

设置好这些变量后，我们就可以运行 canopy new 命令来启动 Canopy 了。

假设我们的 API 密钥都是正确的，并且 Pinecone 账户已正确升级，Canopy 将会在 Pinecone 中创建立一个新的索引（见图 11.3），当索引准备好后，我们就可以开始使用它来上传我们的文档。

图 11.3　Canopy 运行后的 Pinecone 索引

当索引准备就绪后，我们就可以开始上传我们的用户故事文档（可根据"资源与支持"页的指引找到）。为此，我们通过运行 Canopy 的 upsert 命令，并提供用户故事的根文件夹来执行此操作：

```
canopy upsert src/main/resources/data
```

如图 11.4 所示，一旦上传完成，我们就可以回到 Pinecone，确认它们是否存在于我们的索引中。

现在，我们已经将所有内容加载到索引中，并准备通过运行 canopy start 命令来启动 RAG 框架。

启动 Canopy 服务器之后，我们就可以开始访问它并发送查询。想要访问它，我们需要打开一个新的终端（或命令行）提示符，并运行 canopy chat --no-rag 命令（如果在此过程中你启动了一个新的终端窗口，请确保再次导出环境变量 OPENAI_API_KEY）。

同时，请注意我们所提供的 --no-rag 标志。这使得 Canopy 可以同时显示使用 RAG 和未使用 RAG 的输出，方便我们进行比较分析。启动聊天功能后，我们将收到以下消息，以确认我们已准备好开始测试 RAG 框架：

我们开始聊天吧！

用户消息：（按 Esc 键然后按 Enter 键来接收输入）

图 11.4　上传了用户故事的索引

11.3.3　测试基于向量数据库的 RAG 框架

Canopy 现在已经可以接收查询了，我们可以开始用查询对它进行测试，并比较我们的 RAG 框架的表现。例如，发送以下查询：

🔘 针对品牌 API 端 PUT 请求中的每个 JSON 参数，列出不同类型的测试。

返回的回复如下（为了便于阅读，已经对其长度进行编辑）：

💬 品牌 API 端中的 PUT 请求中，每个 JSON 参数的数据类型测试包括

1. ** Name **：

测试是否为 name 参数提供了有效的字符串值。

2. **Map（Latitude 和 Longitude）**：

测试是否为 latitude 和 longitude 参数提供了有效的整数值。

3. **LogoUrl**：

测试是否为 logoUrl 参数提供了有效的 URL 字符串。

4. ** Description **：

测试是否为 description 参数提供了有效的字符串值。

5. ** Contact(Name, Address, Phone, Email)**：

测试是否为 contact 对象中的 name、address、phone、email 参数提供了有效的字符串值。

这些测试可确保向品牌 API 端发送的 PUT 请求体中提供的 JSON 数据符合 Swagger JSON 中定义的指定格式。

（来源：src/main/resources/data/put-branding.txt）

　　该回复有一些值得注意的地方。首先，回复的结构是根据用户故事中定义的不同 JSON 参数构建的。其次，我们可以看到，Canopy 在输出的末尾提供了一个参考（来源：src/main/resources/data/put-branding.txt），以表明哪些来源被认为是向量数据库中最相关的。这意味着，与我们之前构建的基本 RAG 框架类似，这个 RAG 框架也在按预期运行，这与我们在没有 RAG 的情况下进行的查询相比，它展现出了更为显著的优势：

1 Name：
- 测试是否存在 name 参数
- 测试无效值（如空字符串、特殊字符）

2 Logo：
- 测试是否存在 logo 参数
- 测试有效的文件格式（如 PNG、JPEG）
- 测试文件大小限制（如文件小于 5 MB）

3 Color：
- 测试是否存在 color 参数
- 测试有效的 color 代码格式（如十六进制代码）
- 测试无效 color 值（如"purple"而非"#123456"）

4 Font：
- 测试是否存在 font 参数
- 测试字体名称或字体家族名是否有效
- 测试无效字体值（如空字符串、特殊字符）

5 Description：
- 测试是否存在 description 参数
- 测试有效的长度限制（如少于 100 个字符）
- 测试无效值（如特殊字符、长字符串）

6 Website：
- 测试是否存在 website 参数
- 测试有效的 URL 格式
- 测试无效值（如无效域名、特殊字符等）

　　我们可以看到这个回复与品牌 JSON 有效载荷的上下文几乎没有关联。这进一步揭示了在确保 LLM 在访问上下文时所面临的挑战。此前，我们构建的基本 RAG 框架存在一个问题，即它无法在一次查询中有效整合多个用户故事，怎么解决这个问题呢？基于向量数据库的 Canopy 框架提供了一个可行的解决方案。通过使用这个框架，我们就可以测试它在处理涉及多个用户故事的复杂查询时的表现，因为这种查询可能在单个提示词中使用多个相关的用户故事：

MW　列出每个预订 API 端的不同类型的测试。

将此信息发送至 Canopy 后，会得到如下回复（为便于阅读，再次对其长度进行了编辑）：

1 **预订 API 端的 GET 请求：**

- 功能测试：
  - 验证 API 端是否返回所有预订的列表。
  - 通过提供客房 ID 作为查询参数，测试过滤预订的功能。

2 **预订 API 端的 POST 请求：**

- 功能测试：
  - 确保 API 端接收 JSON 格式的预订详细信息，并成功创建新预订。
  - 测试预订请求无效时的响应和状态码。

3 **预订 ID 的 API 端的 GET 请求：**

- 功能测试：
  - 确认 API 端是否检索到它所接收到的预订 ID 的正确详细信息。
  - 当接收到的预订 ID 无效或缺失时，测试响应。

4 **预订 ID 的 API 端的 PUT 请求：**

- 功能测试：
  - 确保 API 端正确更新接收到的预订 ID 的预订信息。
  - 测试预订 ID 缺失或无效时的响应和状态码。

5 **预订摘要 API 端的 GET 请求：**

- 功能测试：
  - 验证服务器是否响应指定客房 ID 的预订摘要。
  - 测试客房 ID 缺失或无效时的响应。

（来源：src/main/resources/data）

查看该回复，我们可以看到提示词末尾引用了数据源的根文件夹（来源：src/main/resources/data），这表明有多个文件被引入我们的查询中。回复中提到的每个 API 端也证实了这一点。我们可以将回复中的每个条目与数据集中存储的与预订相关的用户故事关联起来。

活动 11.3

　　使用 Canopy 和 Pinecone，准备你自己的自定义数据集，并上传到索引中。使用自定义数据尝试不同的查询，以了解 RAG 框架在你的环境中如何执行。

11.3.4　继续推进 RAG 框架

在探索现有 RAG 平台之前，我们通过自主构建 RAG 框架，获得了对其工作原理和应用的更深层次理解。尽管我们目前掌握的只是 LLM 应用领域的冰山一角，对于哪些类型的数据可以存储在 RAG 框架中（无论是否使用向量数据库），这一问题为我们提供了广阔的探索空间。结合我们已经学到的编写有效提示词方面的知识，RAG 框架可支持实时分析、生产数据、用户内容存储等，从而帮助我们创建更符合实际应用场景的提示词，这最终将有助于促进 LLM 在测试及其他业务场景中的广泛应用。

小结

- 检索增强生成（RAG）是一种将上下文数据和用户查询结合在一起的方法，用于增强 LLM。
- 上下文数据的选择基于数据与用户提供的初始查询的相关性。
- 提供经过选择的数据可提高准确性，并有效避免上下文窗口引发的潜在错误。
- 将上下文数据与 LLM 进行解耦，有助于简化数据源选择和更新流程。
- 为确保 RAG 系统的高效运作，我们需要具备上传和存储数据的能力。
- RAG 系统依赖于相似性算法和工具来确定与查询最相关的数据。
- 提示词缺乏上下文数据会导致生成的结果过于宽泛且缺乏深度。
- 不准确的相似性算法输出可能会导致 LLM 返回不符合预期的错误回复。
- 当查询范围较广或需要同时向提示词添加多个数据源时，相关数据的提取与整合就会变得复杂。
- 向量数据库基于多维度向量存储方式，有效支持查询的相关性。
- 一些框架和工具能够使用向量数据库快速建立 RAG 框架。
- 利用向量数据库及相关工具和平台，我们可以更轻松地进行查询操作。
- 向量数据库允许我们一次性将多个相关文件提取到查询中。
- RAG 框架可以提供多种类型的数据，这些数据在测试和整个软件开发中具有广泛的应用价值。

第 12 章　使用业务领域知识微调 LLM

本章内容包括

■ LLM 的微调过程。

■ 准备用于微调的数据集。

■ 使用微调工具更好地理解微调过程。

　　尽管大模型（LLM）在各行各业的影响已被主流媒体广泛报道，但 LLM 的普及和流行已推动了 AI 开源社区的一场悄然的革命。在开放合作的精神和大型技术公司的支持下，AI 爱好者越来越容易掌握微调 AI 模型的能力。这一机遇造就了一个充满活力的社区，社区成员们正在尝试并分享各种流程和工具，以帮助更好地理解微调是如何工作的，以及如何实现个人（或团队）对模型进行微调。

　　微调涉及的主题非常广泛，想要深入探讨每个重要细节，需要写一整本书。不过，通过利用开源社区创建的模型、数据集、平台和工具，我们可以对微调过程有所了解。这些开源资源可以让我们为未来在组织内部对模型进行微调做好准备，构建基于上下文的 LLM。微调不仅与采用的方法有关，也与使用的工具密切相关。因此，本章将逐一介绍微调过程的各个重要部分，并学习如何微调模型。

12.1　探索微调过程

　　在进一步了解微调工具之前，首先应该讨论微调的含义，并思考我们希望达到的目标。正如我们将看到的，微调涉及的一系列步骤在整个过程中发挥着重要作用。了解我们希望实现的目标，不仅有助于在模型微调后对其进行评估，还能指导我们在微调过程中的方法选择。微调过程的每一步都包括不同的活动和挑战。尽管我们可能无法涵盖所有细节，但可以学到足够多的知识，了解在调整模型时会发生什么，以及我们可能面临的挑战。

12.1.1　微调过程概览

正如在第 10 章中看到的，微调是指将一个已经经过某种训练的现有模型（即基础模型），用额外的数据集对其进行进一步训练的过程，其目的如下。

- 使模型更好地适应上下文信息。
- 改变模型的语气。
- 帮助模型回复特定的查询或指令。

正如基础模型的训练需要经过一系列步骤一样，微调环节也需要经过一系列步骤。图 12.1 总结了这些步骤以及它们之间的相互影响。

图 12.1 并没有涵盖微调的每一处细节，但它记录了成功创建微调模型通常需要经历的核心步骤。本章将对每个步骤进行更详细的研究，但首先来思考一下这个过程中最重要的部分，即我们希望通过微调实现什么目标。

图 12.1　微调过程中不同步骤的图示

12.1.2　目标设定

在调整 LLM 时，我们可能犯的最大错误就是不清楚我们希望微调后的 LLM 完成什么任务。如果不能明确设定微调模型应解决的具体问题，就会影响微调过程中从数据准备到测试的每一个环节。鉴于 LLM 的不确定性，这并不意味着要设定目标来获取特定的信息。但是，我们必须问问自己，我们希望模型表现出哪种类型的行为，以及这种行为如何与我们更广泛的上下文相匹配。

为了说明这一点，让我们考虑两个不同的目标。一个目标是创建一个代码补全工具，该工具可以在代码库上进行微调，以使用 LLM 的生成能力的同时，不向第三方泄露知识产权。另一个目标是基于问答/聊天的 LLM，为用户提供支持，该 LLM 已在支持文档和客户数据上进行了调整，以帮助回答问题。根据我们想要实现的目标，需要考虑以下细节。

- 使用什么数据集？对于代码补全方案，我们希望创建一个数据集，其中包含按逻辑部分细分的代码，以便微调模型。我们也可能考虑使用包含开放源代码的其他数据集。在问答聊天场景中，我们将创建一个包含帮助指南和文档的数据集。
- 使用什么模型？在撰写本书时，Hugging Face（一个 AI 开源社区网站）拥有 50 多万种不同的模型，所有这些模型都是为生成、分类和翻译等不同目的而设计的。在考虑微调目标时,我们需要选择适合需求的模型。在代码补全场景中,我们可能会选择一个已经在大量代码语料库数据上训练过的模型,让它更容易根据代码库进行进一步调整。在问答/聊天 LLM 场景中,我们需要一个已经训练过的模型,充当一个高效的基于聊天的 LLM。

- 使用多大的模型?我们所需的模型大小(通常由参数大小决定)将决定我们对硬件的要求。我们必须权衡利弊。如果希望模型的回复更为准确,那么就需要投入大量硬件来支持运行更大的模型。如果预算有限,或者部署模型的环境性能较低,那么可能需要考虑使用较小的模型,但它的准确性或回复请求的速度可能会有所下降。

什么是 Hugging Face

Hugging Face 是一个 AI 开源社区平台,它允许其成员托管、部署和协作开展 AI 工作。值得注意的是,Hugging Face 提供了一个托管数据集和模型的场所,通过其空间功能,它允许其他人部署 AI 应用程序并与其进行交互。此外,Hugging Face 还提供了其他收费功能,如自动训练(旨在使微调更容易),以及增加硬件空间以部署更复杂、对资源要求更高的模型。GitHub 除了提供托管代码的功能,还能为团队协作提供支持,Hugging Face 还为 AI 社区成员提供了一个分享和学习知识的场所,以助于在未来的 AI 项目中进行合作。

这并不是一份需要考虑因素的详尽清单,随着我们对微调的进一步探索,需要学习如何对不同的选项进行决策。幸运的是(如果你有预算),许多工具已经创建并投入使用,这使得微调模型的实验变得更容易和快捷。因此,尽管在开始微调之前最好能设定一个目标,但我们还是可以随时更换模型、数据集等,以学习如何在特定情况下创建最理想的微调模型。

12.2 执行微调环节

考虑到微调模型目标的重要性,本章将尝试使用项目的代码库来微调模型,以创建一个能够支持未来分析的模型。实际上,这意味着当被问及有关代码库的问题时,模型能够给出与项目上下文相关的答案。为此,我们将使用开源项目 restful-booker-platform (GitHub 中的 mwinteringham/restful-booker-platform 库)中的代码。

12.2.1 准备训练数据

虽然微调不需要像预训练模型那样大量的数据量,但微调是否成功在很大程度上取决于我们所使用的数据的大小和质量,这就引出了需要什么类型的数据的问题。为了帮助我们了解数据集的大小、范围和格式,可以从 Hugging Face 等网站中学到很多东西,这些网站上存储着大量开源数据集。在撰写本书时,Hugging Face 网站上的著名数据集包括以下 3 个。

■ The Stack：5.46 亿行代码示例，这些示例来自 GitHub 等网站上的开源项目。

■ Alpaca：包含 52 000 行由现有 LLM 生成的合成数据。

■ OpenOrca：包含 291 万行问题和回答数据。

通过观察这些数据集可以发现，它们包含不同类型的信息，从代码示例到问答数据，这些数据的创建方式各不相同。The Stack 等数据集基于从互联网上搜索到的真实信息，而 Alpaca 则是由 AI 合成的。我们还可以看到，虽然 Alpaca 的数据集与列表中的其他数据集相比要小得多，但并不意味着它没有用处。

什么是合成数据

在 AI 训练和微调方面，合成数据是指人工生成的数据，这些数据虽然看起来像真实的用户数据，但并非基于现实生活中的数据。数据合成是训练和微调 AI 的有效技术，因为它可以提供进行训练或微调所需的数据。然而，使用合成数据也有一些副作用。首先，生成测试数据需要成本。类似 gretel.ai、mostly.ai 和 tonic.ai 等工具提供了数据生成服务，但它们是需要付费的。其次，也许更重要的是，研究表明，仅使用合成数据训练模型会影响模型回复的质量。这是有道理的，因为真实数据具有变异性和随机性等特性，而 AI 生成的数据很难模拟这些特性。

因此，在确定需求时，需要考虑我们想要什么、目前可用的有什么，以及可能需要自己构建什么。让我们回到代码助手和问答模型的例子。对于代码助手 LLM，我们需要一个基于代码的数据语料库，而对于问答模型，我们需要用自然语言构建的数据，其中问题和答案使用键值对格式存储（问题作为键，答案作为值）。正如我们所看到的，我们的目标决定了所需数据类型，但与此同时，这也带来了其他问题，例如，数据从哪里获取，以及如何对数据进行格式化。

我们已经从 Hugging Face 等网站上看到了很多公开的数据集（Kaggle 也是一个很好的数据集来源）。但是，如果我们试图对模型进行微调，让它更符合我们的上下文，那么我们很可能希望使用属于组织的数据对其进行微调。因此，在决定如何将数据转换成适合训练的格式之前，需要了解哪些数据是可用的、其质量如何，以及如何获取这些数据。我们可以观察 Alpaca 数据集的结构格式，该数据集由以下四列组成：指令（instruction）、输入（input）、输出（output）和文本（text）。下一步我们将了解到，根据微调模型类型选择数据集的不同数据项。例如，如果我们想对问答模型进行微调，至少需要指令列和输出列来帮助调整模型，以确定预期的问题类型和回复的答案类型。

我们面临的挑战在于如何将原始数据转换成结构化格式，就像我们在 Alpaca 数据集中看到的那样。例如，在问答模型场景中，我们可能希望在文档和支持文件上对它进行训练。这些原始数据中的一部分可能已经是问答格式的，如常见问题解答（FAQ），但大部分数据并不是如此简单明了。因此，我们需要探索一种适合这些数据结构的解析方式。更复杂的是，我们还需要自动完成这项工作，以生成足够多的语料库，从而让它发挥作用。手动操作也是一种选择，但代价可能很高。

数据准备案例研究

　　微调环节中数据集构造是一个很典型的例子，展示了在构建小型数据集时可能遇到的挑战。在微调环节中，我们将使用之前创建的数据集，该数据集可在 Hugging Face 网站上找到。该数据集是一个 JSONL 格式的文档，其中包含 restful-booker-platform (RBP) Java 部分的解析段落及其生成的说明，以下是一个示例（为便于阅读，已添加换行符）：

```
{"instruction": "What is the class declaration for
➡ BrandingServiceIT","output": "@ExtendWith
➡ @SpringBootTest
➡ @ActiveProfiles
public class BrandingServiceIT { }"}
{"instruction": "How does the method setup Restito work for
➡ BrandingServiceIT?","output": "
➡ @BeforeEach
➡ public void setupRestito(){
➡ whenHttp(server).match(post("/auth/validate"))
➡ .then(status(HttpStatus.OK_200));
➡ }"}
```

　　这个代码片段将为我们提供微调所需的所有数据，但在开始之前，先来了解一下它是如何创建的。考虑如下类，并思考你将如何以一种合乎逻辑的方式分解这段代码，以便进行微调。

```
package com.automationintesting.api;

import com.automationintesting.db.BrandingDB;
import com.automationintesting.model.db.Branding;
import com.automationintesting.model.service.BrandingResult;
import com.automationintesting.requests.AuthRequests;
import com.automationintesting.service.BrandingService;
import org.springframework.beans.factory.annotation.Autowired;
import org.springframework.http.HttpStatus;
import org.springframework.http.ResponseEntity;
import org.springframework.web.bind.annotation.*;

import javax.validation.Valid;
import java.sql.SQLException;

@RestController
public class BrandingController {

    @Autowired
    private BrandingService brandingService;

    @RequestMapping(value = "/", method = RequestMethod.GET)
    public ResponseEntity<Branding> getBranding() throws SQLException {
        Branding branding = brandingService.getBrandingDetails();

        return ResponseEntity.ok(branding);
```

```
    }

    @RequestMapping(value = "/", method = RequestMethod.PUT)
    public ResponseEntity<?> updateBranding(@Valid @RequestBody
    ➡ Branding branding, @CookieValue(value ="token", required = false)
    ➡ String token) throws SQLException {
        BrandingResult brandingResult =
        ➡ brandingService.updateBrandingDetails(branding, token);

        return ResponseEntity.status(brandingResult.getHttpStatus())
        ➡ .body(brandingResult.getBranding());
    }
}
```

你会逐个文件进行微调，还是逐行进行微调，或者采用其他方式？在第一次对 RBP 代码库中的模型进行微调测试的尝试中，我选择了逐行微调的方法。该方法通过创建一个脚本遍历项目中的每个文件，将文件中的每一行提取并记录，从而生成与下述示例类似的数据表：

```
id, content
1,  @RequestMapping(value = "/", method = RequestMethod.GET)
2,  public ResponseEntity<Branding> getBranding() throws
3,  SQLException {
4,  Branding branding = brandingService.getBrandingDetails();
5,  return ResponseEntity.ok(branding);
6,  }
```

这种方法的问题在于，虽然解析和存储数据很容易，但最终得到的是缺乏上下文的条目，也就是说，我只能用}或@Autowired 这样的条目进行微调。这些条目并没有提供很多关于 RBP 项目的上下文或细节，这又引发了另一个问题。什么类型的指令可以与这些条目配对？如果你还记得，在基于指令的微调过程中，我们会发送一条指令（有时会附加输入数据），然后将回复与预期输出进行比较。然而，诸如}这样的条目中的指令不包含任何有关上下文的提示词，可能会导致模型在微调时产生异常或返回不符合期望的回复。这正是我试图根据材料逐行微调模型时所遇到的情况。

因此，作为替代，我选择了另一种方法（也可以在数据集中找到），即将代码分解成逻辑部分。这意味着，我不再逐行切分代码，而是根据 Java 类中的不同属性来切分文件。例如，从我之前分享的类中选择的切片，在示例表中可能如下所示：

```
id, content
1,  @RestController
public class BrandingController { }
2,  @Autowired
    private BrandingService brandingService;
3,  @RequestMapping(value = "/", method = RequestMethod.GET)
    public ResponseEntity<Branding> getBranding() throws SQLException {
        Branding branding = brandingService.getBrandingDetails();

        return ResponseEntity.ok(branding);
    }
```

数据集中的每个条目不仅仅是代码行,还包含类是如何声明的、类中声明了哪些变量、类中的每个方法及其包含的代码等细节。我们的目标是保持足够的细节,以便微调模型时对代码库有更深刻的认识,同时又不至于过于细化,以至于完全丢失上下文。结果是微调更加成功,但解析过程变得更加复杂。这需要创建额外的代码来遍历每个文件,使用 JavaParser 来处理代码、构建语义树,然后查询该语义树以提取数据集所需的信息。

这个例子在为微调(或训练)准备数据集时非常简单。然而,经过反思后可以发现,即使是从头开始组织和准备一个简单的数据集,也充满了复杂性和挑战性。这个数据集的原始数据通过正确的工具很容易进行解析,但我们该如何管理结构多样或根本没有清晰结构的数据呢?对数据集的探索表明,它的识别和创建是一个复杂的过程。我们如何构建数据结构以及在数据中加入什么内容,对于微调模型的成功至关重要,这也是微调和试验 LLM 的重要工作所在。因此,拥有必要的流程和工具,我们才能快速试验不同的数据集,观察它们如何影响模型的微调结果。

12.2.2 预处理和设置

在准备好数据集之后,我们接下来需要对数据进行预处理,为微调做好准备,并设置微调工具。我们稍后会讲解工具的设置,但首先,为了理解微调过程中的预处理活动,需要跳过前面的内容,来谈谈微调环节中会发生什么。考虑到数据集的大小,微调过程由一系列特定的循环组成,如图 12.2 所示,这个循环在整个微调过程中会执行多次。

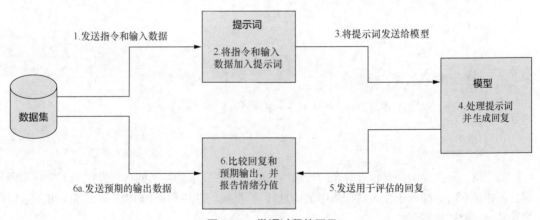

图 12.2 微调过程的图示

通过逐步分析这个可视化流程,首先从数据集开始。假设它的结构类似于之前查看过的_Alpaca_数据集(其中包含指令、输入和输出的列),存储在指令和输入列中的数据会被添加到一个提示词中。然后将该提示词发送给正在微调的模型,并从模型获得回复。然后,我们将模型生成的回复与数据集中存储的预期输出进行比较,以确定情感(sentiment)得分。情感得分反映了模型回复与我们预期输出的一致性程度。然后，我们会根据情绪分值来确定需要对模型的参数进行哪些调整，以便将它微调为符合我们期望的模型。如果情感得分表明模型的回复符合预期，那么调整通常较小。反之，如果情感得分较低，表明回复不符合预期，则需要做出较大的调整。

这个过程通过使用不同的工具程序化地执行，并在数据集中的每个条目上运行多次。数据集本身通常也会被多次迭代，这个过程被称为"一个周期"（epoch）。通过在微调过程中多个周期中反复迭代，模型才能生成符合我们期望的回复，这种调优方法被称为基于指令的微调。在执行微调之前，了解其工作原理非常重要，因为在开始微调之前，我们需要进行一些准备工作。首先，我们需要设计希望发送给模型的提示词类型。其次，我们需要确定如何对提示词进行编码，以便模型能够读取它。与整理数据集类似，我们在这两个步骤中所做的选择也会对微调结果产生巨大影响。

提示词设计

了解了数据集的格式后，我们需要创建一个指令式提示词，与数据集中的数据以及我们想要添加的任何其他指令配合使用。例如，请看来自 deeplearning.ai 课程 Finetuning Large Language Models 的两个指令提示词。第一个提示词包含了指令和输入：

> **MW** 下面是一条描述任务的指令，结合更多上下文的输入。请编写一个合理的回复以完成该请求。
> ```
> ### Instruction:
> {指令}
> ### Input:
> {输入}
> ### Response:
> ```

第二个提示词只包含了指令：

> **MW** 下面是一条描述任务的指令。请编写一个合理的回复以完成该请求。
> ```
> ### Instruction:
> {指令}
> ### Response:
> ```

请注意，每条提示词都包含静态的说明性文本（这些文本为发送的信息提供上下文）和标记（例如{指令}这样用于注入数据集中的信息）。根据我们期望使用的 RBP 数据集，可以这样配置提示词并进行微调：

> **MW** 下面是一条指令，由三个#号分隔，提出一个关于 restful booker 平台代码库的问题。请使用必要的代码回答问题。在输出之前，请检查代码编译是否正确。
> ```
> ###
> {指令}
> ###
> ```

这个提示词遵循了在前面几章中探讨过的一些提示词策略。我们可以利用这些策略来帮助我们清楚地指示模型在提示词中应该期待什么，以及希望看到它做出什么回复。为了帮助我们更好地理解微调循环，设想数据集中有以下条目：

```
{
  "instruction" : "How does the method initialiseMocks work for
➥ BrandingServiceTest?"
  "output" : "@BeforeEach public void initialiseMocks() {
➥ MockitoAnnotations.openMocks(this); }"
}
```

在微调过程中，该数据集的指令部分将被注入提示词中，以创建以下提示词：

> (MW) 下面是一条指令，由三个#号分隔，提出一个关于 restful booker 平台代码库的问题。请使用必要的代码回答问题。在输出之前，请检查代码编译是否正确。
> ###
> initialiseMocks 方法在 BrandingServiceTest 类中是如果工作的？
> ###

这可能会导致模型输出如下所示的代码示例：

```
use Tests\TestCase;
use App\Services\BrandingService;

class BrandingServiceTest extends TestCase {

  protected function setUp(): void { // Initialize mocks

  $this->brandingService = new BrandingService();

  }
```

然而，我们数据集中的预期输出结果如下：

```
@BeforeEach
public void initialiseMocks() {
    MockitoAnnotations.openMocks(this);
}
```

这意味着，尽管回复是代码的形式，两组数据之间的情绪得分为中等水平，而且与我们在解决方案中的预期输出有一些相似之处，但代码本身并不完全相同。此情绪得分将被用于调整模型参数，使得当数据集中的这一特定条目再次出现时，模型输出的结果更加接近预期。我们使用的提示词模板对微调后的模型结果有重要影响，且我们在其中添加的指令也会起到关键作用。需要注意的是，我们在提示词模板中添加的内容不仅会影响微调的结果，还会影响模型的输入内容。因此，这就涉及我们如何将基于文本的提示词转换为模型能够理解的语言。

词元化

词元是单词、短语或字符的数字表示。第 10 章已经介绍了词元的概念。那么，在微调过程中，为什么需要关注词元化呢？首先，在数据预处理过程中，有许多不同的词元化工具可以使用，它们会以不同的方式对文本进行词元化。我们使用的模型类型会影响词元化工具的选择。如果选择的词元化工具与正在微调的模型不兼容，提示词就会被转换成与模型中存在的参数不匹配的词元标识符。简单地说，这就好比老师用不同的语言或完全虚构的语言给我们讲课。

第二个原因与微调提示词和数据集有关，即上下文长度。上下文长度是指模型一次可处理的词元总量。这一点非常重要，因为如果我们创建的提示词中包含大量词元，或者试图使用包含大量词元的数据进行微调，那么提示词就有可能超出上下文长度，导致将被截断。每个超过上下文长度限制的词元都会被直接丢弃或忽略，最终的结果将是在部分完整的提示词上对模型进行微调，这可能会产生意想不到或不希望发生的副作用。

因此，在整理数据集和设计微调提示词时，我们始终需要考虑上下文长度。这意味着需要从我们的数据集中删除可能超出上下文长度的条目，编写具有明确指令但不会超出词元数的提示词，或者寻找一个包含更大上下文长度的新模型。

工具和硬件

处理数据和执行微调的过程涉及多个步骤，因此每个阶段都需要有合适的工具来执行。幸运的是，近年来微调相关的工具取得了显著的进展。最初，微调要求使用者具备较高的技术水平，尤其是对数据处理工具（如 Python）和深度学习库（如 PyTorch、Tensorflow 或 Keras）有丰富的经验。尽管这些工具非常简单易用，但其学习曲线可能相当陡峭，需要我们从零开始构建微调框架。如果用户已经对这些方法感到得心应手，或者正在与对这些类型的工具有经验的人合作，那么采用这些传统工具会显得较为高效。然而，随着人们对微调的兴趣与日俱增，基于上述工具的创新工具也相继出现，使微调变得更容易。像 Axolotl 这样的框架和 Hugging Face 这样的平台的出现，帮助我们只需少量工具开发，就能快速设置微调。这些平台可能会在一些方面做出预设（如自动选择分词器），但我们需要支付额外的费用。

随着模型微调相关的工具不断发展，支撑这些工具的基础设施要求也不断变高。模型训练本质上是一项硬件密集型工作，通常需要使用图形处理器（GPU）。这意味着要么购买拥有大量 CPU、RAM 和 GPU 的硬件用于微调，要么通过云服务提供商租用计算资源。后者成为了许多团队的首选，随着云计算技术的迅猛发展，显著降低了硬件采购成本，并且能够提供更新、更强大的 GPU 资源。诸如谷歌、微软和亚马逊等大型云服务提供商都提供了用于微调和托管 LLM 的专用服务。一些新的替代平台正在逐渐崛起，如 RunPod、Latitude.sh 和 Lambda Labs 等，它们都专注于提供 GPU 云计算服务。这些平台不仅可以与我们选择的微调工具兼容，有些甚至可以既提供微调框架，也为微调过程提供所需的计算资源。

关于可以用什么来进行微调、在什么环境进行微调，相关市场的格局正在迅速发生变化。这要求我们对其进行深入的研究，以选择最适合团队经验和预算的工具及基础设施。

微调工具配置

在微调模型时，通常需要使用多个工具来实现不同程度的控制，PyTorch 就是一种很受欢迎的框架。但如前所述，配置和使用这些工具可能需要较为复杂的学习过程。如果我们想要完全控制提示词、词元化工具和调整工具，需要选择更精细的工具。对于希望快速入门的新手（乐于使用一些工具，避免过高学习成本的用户）来说，借助 AI 开源社区是更加便捷的选择。因此，在微调环节中，我们将使用 Axolotl，一款旨在简化各种 AI 模型微调过程的工具，它支持多种配置和架构。

我们可以将 Axolotl 看成一个微调框架，其中包含进行微调所需的所有工具和流程。这意味着，用户无须深度了解底层机制即可快速开始微调，因为提示词管理和分词工具已经被预先配置好，从而减少了复杂度。

使用 Axolotl 的硬件要求

在开始微调之前需要特别注意：进行模型微调通常需要访问 GPU 资源。如果没有 GPU，也可以使用经济高效的云平台来支持 AI 微调。Axolotl 的 ReadMe 文档提供了与多个云服务平台（RunPod 和 Latitude.sh）兼容的能力。

对于没有 GPU 资源的用户，推荐使用 RunPod，该平台提供了高性价比的计算实例，其设置过程相对简便，而且价格合理，在撰写本书时，只需不到 10 美元就能运行多个训练环节。配置步骤如下。

（1）创建一个账户，并通过 RunPod 账户充值页面完成账户充值。最低交易额为 10 美元。

（2）前往 RunPod 的 GPU 云页面，单击页面顶部的"Choose Template"按钮，找到名为 winglian/axolotl-runpod:main-latest 的 Docker 镜像并选择它。

（3）选择需要部署的 pod。根据时间和需求，你会看到哪些可以部署，哪些不能部署。在撰写本书时，1x RTX 4090 就足以满足我们的基本微调任务。如果希望微调的速度更快，可以选择配置更高的 GPU 或容量更大的机器。

（4）单击"部署"按钮，然后通过设置向导启动 pod。访问 pods 页面，查看 pod 部署状态。

（5）部署好 pod 后，单击连接，获取 SSH 连接信息（这需要在连接前添加 SSH 公钥，可在 RunPod 的设置页面完成）。

完成上述步骤后，你将能够登录到 Pod，Axolotl 安装完毕后，随时可以使用。

首先，我们将在自己选择的机器上安装 Axolotl（如果选择了 RunPod 选项，则可跳过）。Axolotl 的文档和代码可在 GitHub 中的 axolotl-ai-cloud/axolotl 库中找到，其中包含关于如何安装应用程序的全面指导，可选择直接安装在机器上或通过 Docker 安装。

12.2.3   使用微调工具

Axolotl 设置完成后，就可以开始配置工作了。如前所述，我们将使用 RBP 数据集，该数据集可在 Hugging Face 上找到。对于模型，我们将使用 Meta 的 Llama-2 模型版本，该模型包含 70 亿个参数和 4k 个词元的上下文窗口。与提示词和词元化工具一样，模型设置也在 Axolotl 项目的示例文件 examples/llama-2/lora.yml 中有指定。不过，想要在数据集上训练模型，我们需要将 YAML 文件中的 dataset.path 更新为：

```
datasets:
  - path: 2bittester/rbp-data-set
    type: alpaca
```

其中 path 决定了在哪里可以找到 Hugging Face 上的数据集（即从哪里下载），而 type 则决定了我们要使用的模板提示词。在 YAML 文件的顶部，还可以看到需要使用的模型和词元化工具的引用。同样，如果我们想尝试其他方法，也可以修改这些内容：

```
base_model: NousResearch/Llama-2-7b-hf
---
tokenizer_type: LlamaTokenizer
```

文件中还有其他一些设置，不在本章讨论范围之内，但有两个设置我们需要重点介绍一下：sample_packing 和 num_epochs。

```
sample_packing: false
---
num_epochs: 4
```

对于 sample_packing，我们将其设置为 false，这是因为数据集还不够大，无法将其拆分成训练集和测试集（稍后详述）。num_epochs 设定了我们要对数据集进行的遍历次数。默认值为 4，这意味着微调过程将在整个数据集上循环 4 次才会结束。对 YAML 文件进行上述更改后，我们就可以保存、退出并开始微调了。

12.2.4   启动微调运行

配置就绪后，就可以开始微调了。为此，我们将按照 Axolotl 的 ReadMe 文档中的步骤进行。首先，我们启动预处理步骤：

```
CUDA_VISIBLE_DEVICES="" python -m axolotl.cli.preprocess
➥ examples/llama-2/lora.yml
```

预处理步骤下载数据集并使用词元化工具运行，将数据从文本转换为词元，以便进行微调。

> **什么是 LORA**
>
> 　　你可能已经注意到，我们一直在配置并用于启动微调环节的 YAML 文件名为 lora.yml。LORA 是一种微调方法，在这种方法中，我们不会直接调整模型中的参数，而是创建并微调近似模型参数的较小参数子集，从而创建一个 LORA 适配器。这意味着当我们部署微调后的模型时，模型将加载其中的 LORA 适配器，以提供所需的微调行为。LORA 之所以流行，是因为它可以加快微调过程，并允许社区和团队共享这些适配器。

　　预处理完成后，我们就可以开始微调过程了。请记住，根据所使用的硬件，微调过程可能需要 30 分钟到 4 小时，甚至更长时间，因此请选择一个可以在微调过程中执行其他任务的时间。想要触发微调，需要运行以下命令：

```
accelerate launch -m axolotl.cli.train examples/llama-2/lora.yml
```

　　这将加载编辑过的 YAML 文件，并启动微调过程。随着微调的开始，将看到微调进展的详细信息，如下所示：

```
{'loss': 1.0936, 'learning_rate': 0.000199991547111147226, 'epoch': 0.02}
{'loss': 1.3172, 'learning_rate': 0.00019999135609452385, 'epoch': 0.02}
{'loss': 1.0351, 'learning_rate': 0.0001999911629434316, 'epoch': 0.02}
```

　　控制台中的每条信息都详细说明了以下内容。

- 损失（loss）：该分值表示数据集中的预期输出与模型输出之间的一致性。分数越低，说明预期回复和实际回复的一致性越好。在本例中，损失分值相对较高，因为它是在微调开始时得出的。随着微调的进行，我们希望看到损失分值降低。
- 学习率（learning rate）：这是模型参数变化步长的数字表示。步长越小，意味着微调变化越细。步长的大小由情绪得分和学习率超参数决定。在 AI 训练中，超参数是我们可以在微调开始前设置的配置选项，它会影响训练或调整的结果。因此，就学习率而言，我们可以增加步长范围，从而对模型进行更大幅度的调整。同样，这可能会带来更优的调整结果，也可能不会。
- 轮次（epoch）：前面我们学习了如何在微调环节中多次迭代数据集，每次迭代称为一个轮次。控制台输出中显示的轮次值只是告诉我们某个轮次进行了多长时间。

　　这些指标可以帮助我们了解微调过程的质量和进度。根据数据集的大小、支持微调的模型和硬件，将决定微调可能需要的时间。不过，鉴于调整所需的工作量，一次调整需要多个小时的情况并不少见。这就是为什么更有经验的模型调整人员会设置流程和工具，以便同时对多个模型进行调整，并在调整完成后进行比较。

12.2.5　测试微调结果

　　微调完成后，我们要检查所做的更改是否与微调过程开始时设定的目标一致。你可能还记得，在微调过程中，我们会向模型发送一条指令，然后模型会返回一个输出结果。情绪分析会确定模型的输出与预期输出之间的一致程度，并据此对模型的参数进行调整。因此，模型中的参数现在应该更偏向于我们的上下文。为了测试模型是否已成功微调，需要检查在要求模型执行新指令（不同于已调整的那些指令）时，会发生什么。我们可以选择推理或人工验证这两种方式之一来完成这项工作。

推理

考虑到模型中的众多参数以及发送指令和接收输出的选项，推理采用了一种自动方法来测试模型的输出。推理的工作原理与微调非常相似。我们可以从一个更大的数据集中抽取一个片段，或者采用一个新的数据集，该数据集的结构与我们用于微调的数据集相同，其中包含的指令和输出与最初微调数据中的指令和输出不同。然后，我们将每组指令发送给一个模型，记录其回复，接着使用情绪分析将期望模型回复的内容与模型回复的内容进行比较（微调和推理的关键区别在于情绪分析之后，微调会对模型进行修改，而推理则不会）。如果返回的情绪得分很高，我们就可以认为模型的微调方式符合我们的目标。如果没有，我们就可以开始考虑将来的微调环节可以做些什么。

人工验证

虽然情绪分析很有用，但它是基于数学模型来确定排列组合的。因此，通过人工验证来手动校验模型的输出也是明智之举。这可能是通过使用推理数据集中保存的提示词并评估回复，或者通过生成新的提示词来测试不同的回复，从而了解模型的响应。要获得与推理测试相同的范围和覆盖率，对于一个团队来说成本非常高，但它可以提供更人性化的视角，发现推理无法发现的差异或幻觉。

根据从这两个方面了解到的情况，自动的推理过程和我们的实验将为下一步的决策提供依据。也许微调后得到的模型是可以接受的，我们可以将它发布并获得更广泛的使用。我们通常会得出这样的结论：微调后的模型并不适合我们。这将引发进一步的分析，以明确我们的下一步操作。也许我们的数据集需要进行更改，或者我们想进一步修改提示词，或者可以替换需要词元化的分词工具。无论选择哪种方式（这一决策过程超出了本章的讨论范围），这都凸显了微调项目需要多次试验才能发现最佳结果。这就是为什么那些在微调（或一般来说训练）方面拥有成熟经验的团队会同时进行多次微调实验，一次微调多个模型，并使用略有不同的参数来比较结果。

测试微调环节

回到微调模型，虽然我们没有足够的数据来运行推理测试环节，但可以手动启动模型进行测试。为此，运行以下命令：

```
accelerate launch -m axolotl.cli.inference examples/llama-2/lora.yml \
    --lora_model_dir="./lora-out"-gradio
```

通过这条命令，我们加载了 Llama-2 模型，并加载了在微调过程中创建的 LORA 适配器。使用--gradio 命令，可以使用 gradio 库托管模型的用户界面，从而可以通过网页浏览器开始测试模型。

随着模型的运行，我们可以开始检查微调环节的结果。首先，从数据集中选择一个指令和输出集来检查微调结果，例如：

MW 指令:
initialiseMocks 方法如何在 BrandingServiceTest 类中工作?

输出:

```
@BeforeEach public void initialiseMocks() {
MockitoAnnotations.openMocks(this); }
```

利用微调环节的提示词，可以向调整后的模型发送以下请求：

MW 下面是一条描述任务的指令。请编写一个合理的回复以完成该请求。
```
### Instruction:
initialiseMocks 方法如何在 BrandingServiceTest 类中工作?
### Response:
```

发送后，我们会收到如下回复：

下面是一条描述任务的指令。请编写一个合理的回复以完成该请求。
```
### Instruction:
initialiseMocks 方法如何在 BrandingServiceTest 类中工作?
### Response:
@BeforeEach public void initialiseMocks()
{
    MockitoAnnotations.openMocks(this);
}
```

正如我们所看到的，该模型已经微调到了可以根据发送的指令返回高度一致的回复的程度。现在，我们可以把注意力转移到模型如何应对未经测试的新提示词上，如下面基本的提示词示例：

MW BrandingResult 类中有哪些注释?

将这个问题发送给一个已经过微调的模型后，返回如下回复：

BrandingResult 类中有哪些注释?
```
public class BrandingResult {
    private HttpStatus brandingHttpStatus;
    private Branding branding;

    public HttpStatus getBrandingHttpStatus()
    {
        return brandingHttpStatus;
    }
}
```

```
public void setBrandingHttpStatus(HttpStatus brandingHttpStatus)
{
    this.brandingHttpStatus = brandingHttpStatus;
}

public Branding getBranding()
{
    return branding;
}

public void setBranding(Branding branding)
{
    this.branding = branding;
}
}
```

将该回复与微调模型所依据的原始代码（可在 GitHub 的 mwinteringham/restful-booker-platform 库中找到）进行比较，我们可以看到，该模型在列出了 BrandingResult 类在某些方面（如使用的变量和 getter/setter 方法）取得了一定的成功。但是，它也缺少了一些细节，例如类的构造函数，而且变量的名称也错了（尽管至少在整个代码中是一致的）。也可以说，它没有正确回答提示词，因为我们要求的是注解的细节，而不是整个类的细节。

总之，我们在这次微调环节中取得了一些成功，但仍需要做更多的工作。微调过程重新平衡了模型中的参数，使我们的上下文在模型中变得更加重要。然而，缺失的项和不正确的细节意味着微调过程还需要进一步优化。也许我们可以改进数据集中的指令质量，或者重新考虑我们用于微调的提示词。同样，我们也可以从技术角度来考虑微调问题，例如，选择参数数量更多的模型，或者调整超参数，如训练时使用的轮次数或学习率。

12.2.6　微调的经验教训

在本章中，我们了解了微调过程是如何进行的。尽管，初看起来似乎是一项令人望而却步的工作，但通过一步一步地执行微调过程，我们可以应对每一个挑战。说到底，微调在很大程度上依赖于多轮实验。我们使用什么样的数据、调整什么样的模型、使用什么样的工具、设置什么样的超参数，都会影响结果。

在撰写本书时，实验成本不容忽视。想要执行微调环节的团队需要大量的资源和资金支持。随着私营企业和开源社区的发展，微调技术的普及将变得更加容易，硬件成本的降低也将推动这一领域的快速增长。这将成为组织内不断扩展的领域，也是团队面临的一项挑战，即如何交付高质量的模型，为我们的组织提供实际价值。

小结

- 微调是进一步训练已有模型的过程，通常基于基础模型进行改进。

- 微调过程涉及多个步骤，如目标设定、数据准备、预处理、参数调优和测试等。
- 围绕我们对 LLM 的期望来设定明确的目标，为如何处理微调过程提供参考。
- 微调模型需要指定和准备数据。
- 数据集会对微调模型的结果产生重大影响。这意味着要找到与目标相关的数据，并以有助于微调后模型输出最大化的方式对其进行格式化。
- 微调依赖于多次发送嵌入训练数据的提示词，使得回复满足我们的预期，偏向于与预期输出一致。
- 模型需要将提示词转换为机器可读的语言。这可以通过词元化过程来实现。
- 词元化是将数据切分成较小词元的过程。
- 模型有限制上下文长度，这是它一次能处理的最大词元数量。如果一次发送的词元太多，一些词元就会被截断，从而影响微调过程。
- 微调时，我们可以建立自己的框架（这需要经验），也可以利用现有框架（它们可能附带特定的约束或费用）。
- Axolotl 是一个很好的微调框架，尤其适用于缺乏经验并希望快速上手的开发者。
- 微调模型的测试可以通过推理自动完成，或采用人工方式。
- 随着技术的进步，更多团队能够高效地在实际应用中部署 AI 模型并获得收益。

附录 A　设置和使用 ChatGPT

设置 ChatGPT 的过程相对简单。首先，你需要在 OpenAI 官网创建一个账户，可以通过登录和注册页面完成。进入页面后创建账户，目前只用注册一个免费账户。

了解是否购买 ChatGPT Plus

ChatGPT Plus 很可能在注册过程中被推销购买。在撰写本书时，ChatGPT Plus 的月租费为 20 美元，可以让你访问最新版本的 ChatGPT（而不是使用 gpt-3.5-turbo 的免费版本），并能够使用一系列插件和其他扩展功能，以及与 ChatGPT 核心功能相关的新特性。尽管本书没有使用 Plus，但本书中的活动和示例可以在 Plus 和免费账户上使用。在使用 Plus 时，ChatGPT 的响应方式可能会有所不同。

注册完成后，登录 ChatGPT 主页，开始发送提示词信息。

如图 A.1 所示，要使用 ChatGPT，需要在页面底部名为"Message ChatGPT"（发送消息）的表单中输入指令或提示词。

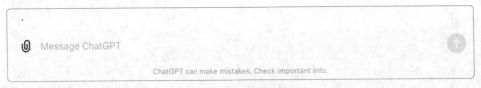

图 A.1　ChatGPT 消息表单

提交提示词后，该提示词将出现在页面顶部，左侧的历史记录栏增加新的聊天内容后，ChatGPT 将给出回复，如图 A.2 所示。

图 A.2　提示词和回复

　　我们可以添加更多的提示词，而之前的提示词和回复都会被考虑在内。例如，在图 A.3 中，我们可以看到 ChatGPT 在回答第二个关于城市规模的提示词时，是如何将第一个关于英国首都的提示词考虑在内的。

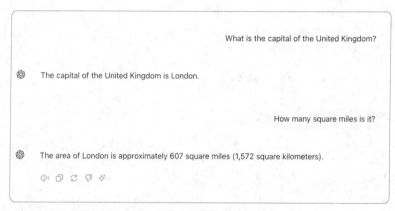

图 A.3　更多提示词和回复

　　将光标置于提示词上，然后单击左侧的编辑图标，可以在发送提示词后对其进行编辑，以便从 ChatGPT 生成新的回复，如图 A.4 所示。

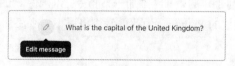

图 A.4　带有编辑图标的提示词

　　单击"Regenerate"（重新生成）按钮还可以触发 ChatGPT 返回其他回复，如图 A.5 所示。

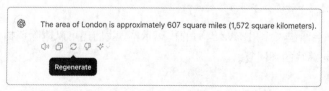

图 A.5　"重新生成"按钮

　　高级许可证允许免费使用更高级的功能，即自定义指令。通过将指令添加到发送的每个提示词中，这些指令可用于自定义 ChatGPT 回复提示词的方式。要使用指令，我们可以单击右上角的头像并选择"Customize ChatGPT"，弹出如图 A.6 所示的窗口。

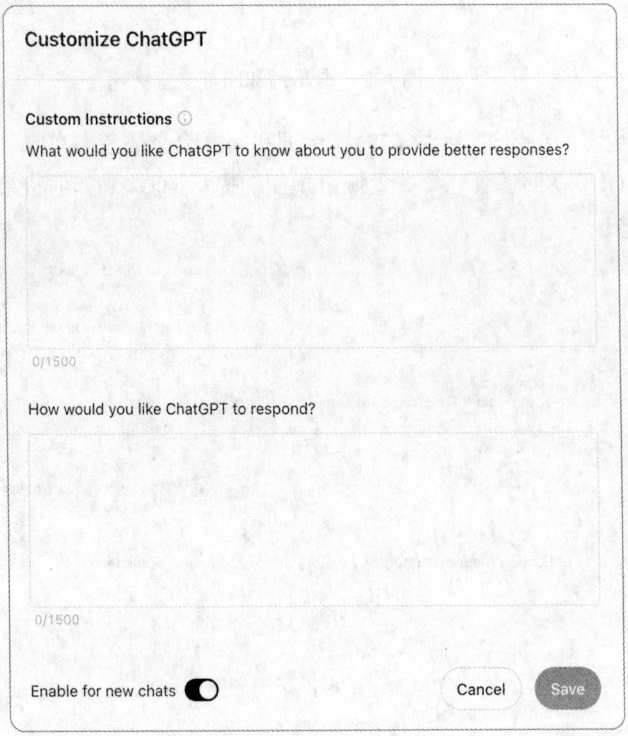

図 A.6　自定义指令弹出窗口

　　为了展示指令词是如何工作的，可以添加一条指令，以确保 ChatGPT 在被要求回复代码示例时，使用 Java 而不是默认的 Python。为此，我们将以下指令添加到"你希望 ChatGPT 如何回复？"部分：

> MW　所有代码示例都应以 Java 格式返回。

并保存该指令。然后，我们可以创建一个新聊天并发送提示词来测试该指令：

> MW　请为我创建一个计算数字平方根的函数。

　　ChatGPT 应该会给出一个用 Java 编写的代码示例。我们还可以删除该指令后再次测试，可能会收到用 Python 编写的新回复。

附录 B   设置和使用 GitHub Copilot

B.1   设置 Copilot

为了更好地理解 Copilot 的配置过程，让我们简要讨论一下该工具的工作原理。由于 Copilot 依赖于 GPT 模型，它能够快速分析代码并提出相关的代码建议，这一过程需要大量的计算资源。值得注意的是，在使用 Copilot 时，我们并没有在本地机器上安装 AI 系统，而是安装了一些插件，通过这些插件将代码需求发送到 Copilot 进行处理，并接收其推荐的代码，如图 B.1 所示。

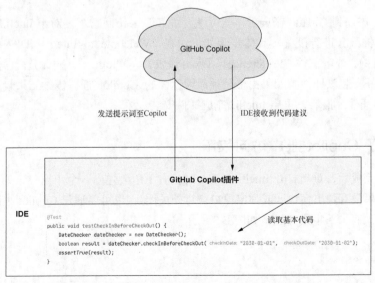

图 B.1   IDE、插件和 Copilot 之间的连接流程图

如图 B.1 所示，在集成开发环境（IDE）中安装插件，并授予相应的访问权限，这样该插件就能监控我们输入的内容，将它发送给 Copilot 进行处理，随后 Copilot 返回并显示推荐的代码建议。由于采用了这种架构，Copilot 可以兼容一系列集成开发环境，包括 JetBrains 系列产品、Visual Studio 和 VS Code 等。在本示例中，我们将使用 IntelliJ Community Edition，但无论选择哪种集成开发环境，Copilot 设置集成开发环境的过程都大致相同。

寻求 GitHub 支持

　　如需获取有关在本地机器上配置 Copilot 的更多详细信息，请访问 GitHub 支持页面。

B.1.1　设置 Copilot 账户

首先，需要创建一个 Copilot 账户。在撰写本书时，Copilot 提供了以下两种方案。

- 个人版：每月 10 美元。
- 企业版：每月 19 美元。

虽然 Copilot 账户是付费的，但 GitHub 提供了 30 天的免费试用期。在试用期间，也需要提供支付信息，但可以随时通过 GitHub 账单页面取消订阅。

此外，使用 Copilot 还要求我们拥有一个 GitHub 账户，因此在设置 Copilot 之前，需要确保已经创建了一个免费的 GitHub 账户。账户创建完成后，或者如果你已经有一个账户，请访问 GitHub Copilot 页面，按照指引完成 Copilot 试用设置的流程。

B.1.2　安装 Copilot 插件

将 Copilot 添加到 GitHub 账户后，就可以设置 IDE 来访问它了。对于 IntelliJ IDEA，我们可以通过其插件服务进行设置，具体步骤如下：在 "Welcome to IntelliJ IDEA" 窗口中选择 "Plugins"（插件），或者前往 "Preferences"（偏好设置）> "Plugins"（插件）。打开插件窗口后，搜索 Copilot 并安装该插件。如果由于某种原因返回的 Copilot 插件搜索结果较多，请查找由 GitHub 编写的插件。最后，重启 IntelliJ 完成插件安装。

B.1.3　授予 Copilot 账户访问权限

插件安装完成后，重新打开 IntelliJ IDEA 时，右下角会弹出一个小窗口，如图 B.2 所示。

另外，如果没有弹出窗口（或弹出窗口被意外关闭），也可以通过 Copilot 小图标进入登录流程，该图标上有一条粗线穿过，如图 B.3 所示。

图 B.2 登录 GitHub

图 B.3 Copilot 插件在 IntelliJ 中的位置

单击弹出窗口中的 Sign in to GitHub，我们将看到一个窗口，如图 B.4 所示，详细介绍了如何通过 GitHub 登录并授予 Copilot IDE 访问权限。

图 B.4 通过集成开发环境登录 GitHub

为了完成注册过程，首先需要输入设备代码，然后访问 GitHub 的 device 页面。在集成开发环境中，我们可以将设备代码输入或粘贴到表单中，完成后提交。接着，GitHub 会要求我们向 Copilot 授予访问权限，一旦授权确认，登录"过程就完成了。如图 B.5 所示，当返回集成开发环境并看到一个新的弹出窗口提示"已连接"时，就可以确认已成功登录。

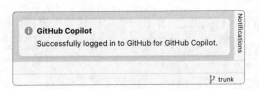
图 B.5 确认已连接 Copilot

当开始编辑代码时，可以看到 Copilot 插件已安装的确认信息，并弹出一个窗口，详细介绍它在集成开发环境中的工作原理，如图 B.6 所示。

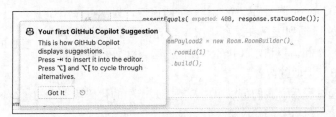
图 B.6 Copilot 在集成开发环境中的工作方式，并指定了使用的快捷键

安装并设置好插件后，我们就可以开始使用 Copilot 作为助手进行开发了。

B.2　使用 Copilot

Copilot 设置完成后，当开始在集成开发环境中编写代码时，Copilot 会实时响应并提供代码建议。例如，在创建一个名为 TaxCalculator 的空类时，当输入关键字 public 后，几秒钟内就会收到如图 B.7 所示的代码建议。

```
public class TaxCalculator {

    public static double calculateTax(double salary) {
        double tax = 0;
        if (salary > 0 && salary <= 18200) {
            tax = 0;
        } else if (salary > 18200 && salary <= 37000) {
            tax = (salary - 18200) * 0.19;
        } else if (salary > 37000 && salary <= 90000) {
            tax = 3572 + (salary - 37000) * 0.325;
        } else if (salary > 90000 && salary <= 180000) {
            tax = 20797 + (salary - 90000) * 0.37;
        } else if (salary > 180000) {
            tax = 54097 + (salary - 180000) * 0.45;
        }
        return tax;
    }

}
```

图 B.7　来自 GitHub Copilot 的建议代码

需要注意的是，建议的代码是灰色的，我们需要确认是否要将代码添加到类中，可以按 Tab 键来实现。Copilot 将插入代码，并将光标移至已添加代码的末尾。

B.2.1　探索建议

如果建议的代码不令人满意，可以查看 Copilot 提供的其他建议，以评估它们是否更为合适。为此，我们需要选择集成开发环境右侧的 GitHub Copilot 选项，如图 B.8 所示。

图 B.8　GitHub Copilot 选项

选择 GitHub Copilot 选项后，将打开一个新窗口，显示可供添加到类中的其他建议代码列表。在某些情况下，界面可能会提示单击 "Refresh"（刷新）按钮，以请求 Copilot 提供的建议代码，刷新完成后，将看到与图 B.9 类似的内容。

完成结果筛选过程后，我们可以单击希望插入类中的代码段上方的 "Accept solution"（接受解决方案）按钮，然后关闭建议框。

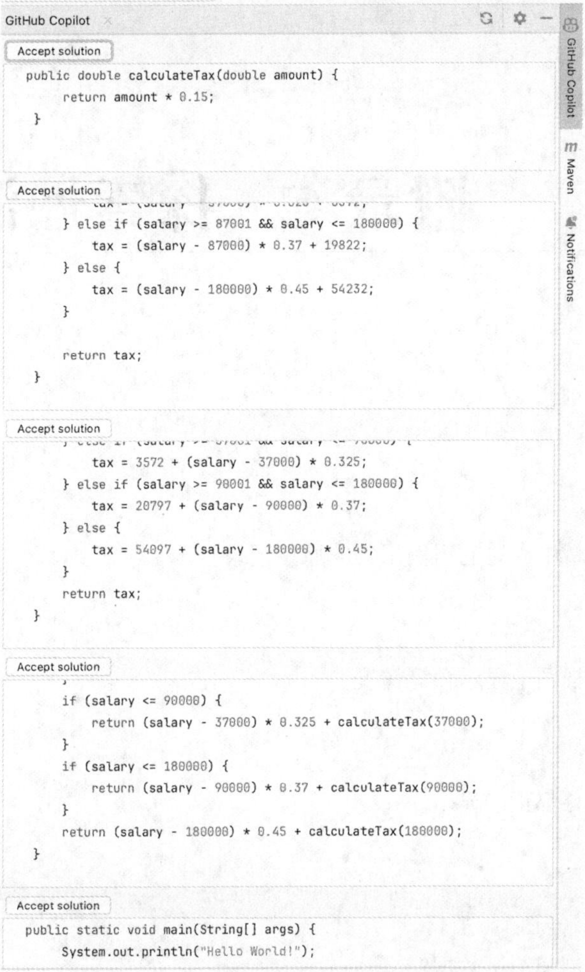

```
GitHub Copilot                                    ⟳  ⚙  −

 Accept solution
  public double calculateTax(double amount) {
      return amount * 0.15;
  }


 Accept solution
      } else if (salary >= 87001 && salary <= 180000) {
          tax = (salary - 87000) * 0.37 + 19822;
      } else {
          tax = (salary - 180000) * 0.45 + 54232;
      }

      return tax;
  }


 Accept solution
          tax = 3572 + (salary - 37000) * 0.325;
      } else if (salary >= 90001 && salary <= 180000) {
          tax = 20797 + (salary - 90000) * 0.37;
      } else {
          tax = 54097 + (salary - 180000) * 0.45;
      }
      return tax;
  }


 Accept solution
      if (salary <= 90000) {
          return (salary - 37000) * 0.325 + calculateTax(37000);
      }
      if (salary <= 180000) {
          return (salary - 90000) * 0.37 + calculateTax(90000);
      }
      return (salary - 180000) * 0.45 + calculateTax(180000);
  }


 Accept solution
  public static void main(String[] args) {
      System.out.println("Hello World!");
```

图 B.9　GitHub Copilot 提出的备选建议

附录 C　探索性测试记录

本附录是为第 8 章中探讨的用例采集的原始记录。

规范

探索如何在报告视图中显示预订情况。

使用一组预订

了解是否所有预订都正确显示。

会话记录

会话设置:

如何为报告页面创建测试数据?

分析 API 和 JS 中的代码如何通过提示词进行工作, 报告数据是通过从客房 API 中提取数据, 然后迭代每间客房以从预订 API 中检索预订情况而创建的。

如何为客房和预订 API 创建 SQL 数据?

（1）根据客房 API 的 seed.sql 文件, 创建提示词以生成测试数据。

（2）将数据添加到 seed.sql 中, 并使用种子数据重建客房 API。

（3）创建一个脚本, 使用 ChatGPT 为预订 API 生成测试数据。

（4）无法使用其中的数据重建预订 API, 因为这会破坏测试, 所以在 IDE 中加载了预订 API。

调查

加载页面时发生了什么?

- 缺陷：有大量预订时，页面加载数据的速度非常慢。
- 页面加载后，可以在日历视图中看到两个预订，然后可以查看特定日期的更多预订。

当使用导航控件时会发生什么情况？

- 缺陷：从旺季月份导航到淡季月份时，日历的加载速度也很慢。
- 尽管页面速度很慢，但我仍能进行导航。

如果想查看更多预订，该怎么办？

- 缺陷：显示当日预订的弹出窗口超出页面顶部，导致无法阅读某些预订。
- 缺陷：在有大量预订的日子，弹出窗口加载缓慢。

如果想创建一个新的预订，该怎么办？

- 仍可通过单击和拖动日期打开管理预订窗口。
- 缺陷：单击“取消”意味着需要长时间等待日历组件再次显示。

键盘可访问性如何？

- 可以成功地在日历中使用 Tab 键遍历。
- 在“查看更多”上按回车键可弹出其他预订。
- 缺陷：在弹出的附加预订窗口中进行标签操作对用户不友好。要么先单击，然后再切换；要么先循环遍历所有日历元素，然后再切换到弹出窗口中的第一个预订。
- 缺陷：在有预订的弹出窗口中进行切换时，无法将控制焦点放在超出页面顶部的预订上。

使用 PAOLO 助记词进行调查

提示词思路：在不同屏幕尺寸和分辨率下，报告日历如何以竖屏模式显示。

如果放大或缩小日历怎么办？

- 缺陷：调整大小加载缓慢。
- 缺陷：放大时会隐藏“显示更多”按钮，并最终隐藏每天的全部内容。
- 缩小时，日历显示正常。

提示词思路：测试日历是否能快速响应设备方向的变化，而不会出现滞后或延迟。

如果尝试不同的屏幕尺寸呢？

- 缺陷：屏幕大小调整很慢，因此在最终纠正之前，初始布局很乱。
- 最终能正确呈现。
- 能很好地处理方向变化。

提示词思路：确保在设备切换到竖屏方向时，日历中的文本和标签仍然清晰可辨。

- 缺陷：在手机屏幕上，文字太小，难以阅读。
- 在平板电脑等分辨率较高的移动设备上，文字更容易阅读。

提示词思路：确保竖屏模式下的所有特性和功能在横屏模式下也能访问和使用。

- 缺陷：在移动设备视图中，无法通过单击和拖动日历打开管理预订窗口。
- 在竖屏和横屏模式下仍可使用导航控件。
- Tab 键功能仍然有效。